专项职业能力考核培训教材

花式咖啡制作

人力资源社会保障部教材办公室　组织编写

主　编：姜　红　王振东
副主编：董鹏飞　徐　成　徐嘉欣
编　者：（排名不分先后）
　　　　黄　崴　何李凌　周　伟　丁延芳　闻晓群
　　　　李　强　吴倩芸　崔琳琳　顾仙雯　董瑞鑫
主　审：陈家瑞　王博霖

中国劳动社会保障出版社

图书在版编目（CIP）数据

花式咖啡制作 / 人力资源社会保障部教材办公室组织编写 . -- 北京：中国劳动社会保障出版社，2021

专项职业能力考核培训教材

ISBN 978-7-5167-5094-0

Ⅰ.①花… Ⅱ.①人… Ⅲ.①咖啡 - 配制 - 职业培训 - 教材 Ⅳ.① TS273

中国版本图书馆 CIP 数据核字（2021）第 249661 号

中国劳动社会保障出版社出版发行

（北京市惠新东街 1 号　邮政编码：100029）

＊

三河市华骏印务包装有限公司印刷装订　新华书店经销

787 毫米 ×1092 毫米　16 开本　12.75 印张　170 千字
2021 年 12 月第 1 版　　2021 年 12 月第 1 次印刷

定价：58.00 元

读者服务部电话：（010）64929211/84209101/64921644
营销中心电话：（010）64962347
出版社网址：http://www.class.com.cn

版权专有　侵权必究

如有印装差错，请与本社联系调换：（010）81211666
我社将与版权执法机关配合，大力打击盗印、销售和使用盗版图书活动，敬请广大读者协助举报，经查实将给予举报者奖励。

举报电话：（010）64954652

前　言

　　职业技能培训是全面提升劳动者就业创业能力、促进充分就业、提高就业质量的根本举措，是适应经济发展新常态、培育经济发展新动能、推进供给侧结构性改革的内在要求，对推动大众创业万众创新、推进制造强国建设、推动经济高质量发展具有重要意义。

　　为了加强职业技能培训，《国务院关于推行终身职业技能培训制度的意见》（国发〔2018〕11号）、《国务院办公厅关于印发职业技能提升行动方案（2019—2021年）的通知》（国办发〔2019〕24号）提出，要深化职业技能培训体制机制改革，推进职业技能培训与评价有机衔接，建立技能人才多元评价机制，完善技能人才职业资格评价、职业技能等级认定、专项职业能力考核等多元化评价方式。

　　专项职业能力是可就业的最小技能单元，劳动者经过培训掌握了专项职业能力后，意味着可以胜任相应岗位的工作。专项职业能力考核是对劳动者是否掌握专项职业能力所做出的客观评价，通过考核的人员可获得专项职业能力证书。

　　为配合专项职业能力考核工作，人力资源社会保障部教材办公室、上海市职业技能鉴定中心联合组织有关方面的专家编写了这套专项职业能力考核培训教材。该套教材严格按照专项职业能力考核规范编写，教材内容充分反映了专项职业能力考核规范中的核心知识点与技能点，较好地体现了适用性、先进性与前瞻性。

教材编写过程中,我们还专门聘请了相关行业和考核培训方面的专家参与教材的编审工作,保证了教材内容的科学性及与考核规范、题库的紧密衔接。

专项职业能力考核培训教材突出了适应职业技能培训的特色,不但有助于读者通过考核,而且有助于读者真正掌握专项职业能力的知识与技能。

本教材在编写过程中,得到了上海商学院、上海啡越投资管理有限公司、上海君客职业技能培训学校、上海市商业学校、上海市奉贤中等专业学校、上海市技师协会等单位的大力支持与协助,在此一并表示衷心感谢。

教材编写是一项探索性工作,由于时间紧迫,不足之处在所难免,欢迎各使用单位及个人对教材提出宝贵意见和建议,以便教材修订时补充更正。

人力资源社会保障部教材办公室

CONTENTS 目录

CHAPTER 1 咖啡服务

CHAPTER 2 咖啡原料的识别与选择

16 / 项目 1 咖啡品种的识别
　　　　任务　识别咖啡生豆的物种
26 / 项目 2 咖啡豆产区介绍
33 / 项目 3 咖啡生豆处理工艺
　　　　任务　识别咖啡生豆的处理工艺
44 / 项目 4 咖啡瑕疵豆识别
　　　　任务　识别咖啡瑕疵豆
48 / 项目 5 咖啡生豆分级
　　　　任务　按照瑕疵豆比例判断咖啡生豆的等级
56 / 项目 6 其他咖啡原料介绍与选用
　　　　任务　牛奶的选用

CHAPTER 3 咖啡拉花制作

66 / 项目 1 咖啡拉花制作基础
　　　　任务　奶泡打发
81 / 项目 2 拿铁咖啡拉花
　　　　任务 1　天鹅拉花
　　　　任务 2　爱心拉花
　　　　任务 3　树叶拉花
　　　　任务 4　郁金香拉花

　　　　任务 5　玫瑰拉花

　　　　任务 6　山水夕阳拉花

96 / 项目 3　卡布奇诺咖啡拉花

　　　　任务　压纹形郁金香拉花

花式咖啡调制

102 / 项目 1　冰美式咖啡制作

　　　　任务 1　使用半自动压力式咖啡机制作冰美式咖啡

　　　　任务 2　冰美式咖啡出品服务与感官特征评价

　　　　任务 3　清洁工作区域

110 / 项目 2　冰拿铁咖啡制作

　　　　任务 1　使用半自动压力式咖啡机制作冰拿铁咖啡

　　　　任务 2　冰拿铁咖啡出品服务与感官特征评价

115 / 项目 3　摩卡咖啡制作

　　　　任务 1　使用半自动压力式咖啡机制作摩卡咖啡

　　　　任务 2　摩卡咖啡出品服务与感官特征评价

120 / 项目 4　焦糖玛奇朵咖啡制作

　　　　任务 1　使用半自动压力式咖啡机制作焦糖玛奇朵咖啡

　　　　任务 2　焦糖玛奇朵咖啡出品服务与感官特征评价

124 / 项目 5　维也纳咖啡制作

　　任务 1　使用半自动压力式咖啡机制作维也纳咖啡

　　任务 2　维也纳咖啡出品服务与感官特征评价

127 / 项目 6　冰卡布奇诺咖啡制作

　　任务 1　使用半自动压力式咖啡机制作冰卡布奇诺咖啡

　　任务 2　冰卡布奇诺咖啡出品服务与感官特征评价

131 / 项目 7　爱尔兰咖啡制作

　　任务 1　使用半自动压力式咖啡机制作爱尔兰咖啡

　　任务 2　爱尔兰咖啡出品服务与感官特征评价

咖啡设备的使用与维护保养

工作区域营运管理

136 / 项目 1　意式咖啡磨豆机的粉量调节

　　任务 1　调节手控式意式咖啡磨豆机的粉量

　　任务 2　调节定量式意式咖啡磨豆机的粉量

147 / 项目 2　意式咖啡磨豆机磨盘的维护保养

　　任务 1　清洁意式咖啡磨豆机的磨盘

　　任务 2　更换意式咖啡磨豆机的磨盘

156 / 项目 3　半自动压力式咖啡机的维护保养

　　任务　使用咖啡机专用清洁药粉清洁冲煮头

164 / 项目 4　其他咖啡设备的清洁保养

CHAPTER 1

咖啡服务

一、接待服务

1. 咖啡馆日常服务用语

（1）中文日常服务用语

1）欢迎问候。当顾客来到咖啡馆时，应当面带微笑、热情礼貌地问候顾客。可以说："早上好！/下午好！/晚上好！""您好！先生/女士，欢迎来到××咖啡馆，请问你们几位？""请跟我来，我为您安排座位。"

2）点单服务。当顾客入座后，应当礼貌询问顾客："您好，很高兴为您服务，请问您今天要点哪一款咖啡，需要什么甜点？"

如果顾客点的餐品已售完，应当表示道歉："先生/女士，对不起，我们这款咖啡/甜点已卖完了，您再看看有没有其他需要的？"

当顾客点餐结束后，应当唱单："您好，您刚才点了×××，我将尽快为您送到，请您稍等。"

3）席间服务。当咖啡/甜点上桌时，应当使用服务用语："您好，这是您点的××咖啡/甜点，请慢用。"

当顾客点的最后一道餐品上桌时，应当使用服务用语："先生/女士，您的餐品已上齐，请慢用。"

当上错咖啡时，应该说："先生/女士，对不起，我马上给您更换一杯。"

4）结账服务。当见到顾客示意结账时，应该说："先生/女士，请稍等，我马上为您送上账单。"

等待顾客核对完账单后，应该说："先生/女士，您使用什么支付方式支付？"

当看到顾客起身离开时，应当使用服务用语："先生/女士，请带好您的随身物品，请慢走。"

5）送客服务。看到顾客出门时，应当使用服务用语："先生/女士，谢谢光临，期待再次为您服务。"

（2）英文日常服务用语

1）问候

① How do you do !

您好！

② How are you ?

您好吗？

③ Good morning.

早上好。

④ Good afternoon.

下午好。

⑤ Good evening.

晚上好。

⑥ Welcome to our coffee shop.

欢迎光临本咖啡馆。

2）致谢及回答

① Thank you.

多谢。

② You are welcome.

别客气。/ 不用谢。

③ It's my pleasure.

这是我的荣幸。

3）道歉及回答

① I'm sorry.

对不起。

② Sorry to disturb you.

对不起，打扰您了。

③ Excuse me.

打扰了。

④ Sorry to have kept you waiting.

对不起，让您久等了。

⑤ That's all right.

没关系。

⑥ Don't mention it.

别客气。

4) 恭贺

① Congratulations！

祝贺！

② Have a good day！

祝你快乐！

③ Merry Christmas！

圣诞快乐！

④ Happy New Year！

新年快乐！

⑤ Happy birthday!

生日快乐！

5) 告别

① Good-bye.

再见。

② Have a nice trip.

一路平安。

③ Hope to see you again.

希望再次见到你。

④ Good night.

晚安。

6) 应答

① Yes, sir/madam.

是，先生/女士。

② Certainly, sir/madam.

好的，先生/女士。

③ Immediately, sir/madam.

马上，先生/女士。

7) 听不清顾客的话

① I beg your pardon, please.

请您再说一次。

② Would you please speak a little more slowly？

您能说慢一些吗？

8) 迎客

① Have you got a reservation?

请问您有预订吗？

② How many of you, please?

请问几位?

③ Sorry, the restaurant is full. Could you please wait for a moment?

对不起,餐厅已经满座了。您能稍等一下吗?

④ Would you mind waiting a few minutes?

您能稍微等几分钟吗?

⑤ Would you have a table by the window?

您要坐靠近窗口的桌子吗?

⑥ Your table is ready, sir/madam, please step this way.

您的桌子已准备好,先生/女士,请往这边走。

⑦ This is way, please.

这边请。

⑧ Will this table be all right?

这张桌子可以吗?

9)请客人点餐

① Are you ready to order now?

您准备点餐吗?

② Here is the menu.

这是菜单。

③ What would you like to have?

请问您想吃点什么呢?

④ I am sorry. The coffee has been sold out.

对不起,这道咖啡已卖完了。

⑤ May I suggest/recommend?

我可以为您推荐一款吗?

⑥ How would you like your coffee, black or white?

您的咖啡要浓一些还是淡一些？

⑦ Would you like some dessert?

您要点一些甜品吗？

⑧ Anything to drink?

需要饮料吗？

⑨ Your order will be ready soon.

您点的餐品马上就好。

10）餐间服务

① Excuse me. Would you mind serving now?

打扰了，请问现在可以为您服务吗？

② Here is today's special, Vienna coffee.

今天的主厨特调咖啡是维也纳咖啡。

③ Enjoy your meal/drink, sir/madam.

先生/女士，请慢用您的餐品/饮品。

④ Take care! The coffee is rather hot.

当心！咖啡比较烫。

⑤ Wait a moment, please.

请稍等。

⑥ I'll go and get it right away.

我马上去拿。

⑦ Sorry, it takes some time for this coffee.

对不起，这个咖啡的制作时间比较长。

⑧ I'm sorry, sir. We haven't got sugar。

对不起，先生。糖包没有了。

⑨ I'm sure everything will be all right next time you come.

您下次光临的时候，我们一定会做得更好。

11）结账

① How would you like to pay your bill?

您用什么方式结账？

② Would you like to pay in cash, by Alipay, by WeChat Pay or by credit card?

您是用现金、支付宝、微信支付还是用信用卡支付？

③ Here is your bill.

这是您的账单。

④ Sign here, please.

请在这儿签名。

⑤ Here is your change/credit card.

这是您的找零／您的信用卡。

12）送客

① I hope you have enjoyed your dinner.

希望您用餐愉快。

② Thank you for coming.

多谢光临。

③ Welcome to come again. Good-bye.

欢迎下次光临。再见。

2. 咖啡馆菜单及设备、器具的中英文对照

（1）菜单的中英文对照

1）单品咖啡（single estate）与拼配咖啡（blend）

夏威夷科纳 Hawaiian Kona　　哥伦比亚 Colombian

摩卡 Mocha　　　　　　　　　　巴西 Brazilian

曼特宁 Mendeling　　　　　　　肯尼亚特级 Kenya AA

爪哇 Java　　　　　　　　　　　乞力马扎罗山 Kilimanjaro

蓝山 Blue Mountain　　　　　　每日特调咖啡 everyday blend

2）花式咖啡

意式浓缩咖啡（espresso），分为单份浓度（single）和双份浓度（double）

美式咖啡 americano　　　　　　摩卡咖啡 coffee mocha

拿铁咖啡 coffee latte　　　　　　卡布奇诺咖啡 cappuccino

摩卡奇诺咖啡 mochaccino　　　　焦糖玛奇朵咖啡 caramel macchiato

焦糖吉利咖啡 caramel coffee Jelly　香草星冰乐 vanilla frappuccino

咖啡星冰乐 coffee frappuccino　　摩卡星冰乐 mocha frappuccino

芒果茶星冰乐 frappuccino blended tea

爱尔兰咖啡 Irish coffee　　　　　维也纳咖啡 Vienna coffee

冰咖啡 ice coffee　　　　　　　　法布奇诺咖啡 frapuccino

冰沙咖啡 coffee frio　　　　　　　脱因咖啡 decaf

3）奶与糖

全脂 whole milk　　　低脂 low fat milk　　　脱脂 skim milk

鲜奶油 cream　　　　脱脂牛奶 non-fat　　　白糖 white sugar

黄糖 brown sugar　　 代糖 sweetener　　　　糖浆 syrup

枫糖 maple

4）其他

杏仁 almond　　　　草莓 strawberry　　　　蓝莓 blueberry

（2）设备的中英文对照

半自动压力式咖啡机 semi-automatic espresso machine

定量式意式咖啡磨豆机 espresso grinder

开水机 hot water supply　　　　冰箱 fridge

净水设备 water purifier

（3）器具的中英文对照

1）咖啡磨豆机

豆仓 bean hopper　　　　　　　豆仓盖 bean hopper lid

豆仓开关 bean hopper door　　　转盘 grinder dial

转盘指示标志 dial indicator　　　粉仓盖 doser lid

粉仓 dosing chamber

研磨度调节器 dosing adjusting screw

磨豆机机身 grinder body　　　　填压器 tamper

拉粉杆 dosing handle　　　　　 冲煮手柄放置架 dosing rack

电源指示灯 power light　　　　 电源开关 power switch

盛粉盘 residual flour disk

2）咖啡机配件

冲煮手柄 portafilter　　　　　　冲泡过滤碗 brew basket

龙头 spigot　　　　　　　　　 冲煮头 grouphead

蒸汽棒 steam wand　　　　　　热水龙头 hot water spigot

萃取按钮 shot button　　　　　 温杯区 warming rack

压力-温度表 pressure & temperature dial

3）小型器具

奶缸 milk pitcher　　　　　　　压粉锤 tamper

敲粉盒 knock-box　　　　　　 意式浓缩咖啡杯 espresso cup

咖啡杯 coffee cup　　　　　　　咖啡小勺 demitasse spoon

托盘 saucer　　　　　　　　　 剪刀 shears

玻璃量杯 shot glasses　　　　　 电子秤 scale

温度计 digital thermometer　　　可溶性固形物测试计 TDS meter

4）手冲咖啡器具

摩卡壶 moka pot　　　　　　虹吸壶 syphon

法压壶 french press

5）清洁工具

抹布 bar towel　　　　　　　盲碗 blind basket

咖啡机清洁剂 coffee detergent　旋具 stubby screwdriver

冲煮头刷 grouphead brush

二、销售服务

1. 咖啡制品的推荐

服务人员有时需要根据顾客的年龄、身份、饮食习惯，结合不同咖啡制品的特性，如甜度、是否含奶等，向顾客推荐适合的咖啡。

（1）按照风味特征推荐咖啡。单品咖啡的风味是其本身的香味、醇味、苦味、甘味、酸度的综合体现，而花式咖啡的风味更多是由添加的辅料与咖啡本身特征混合而形成的。要按照风味特征推荐咖啡，需要服务人员对咖啡馆销售的每一款咖啡的风味了如指掌。

如果顾客喜欢酸味较好的咖啡，可以推荐高海拔的单品咖啡；如果顾客喜欢不太苦涩的无辅料单品咖啡，可以推荐美式咖啡；如果顾客喜欢白兰地风味的咖啡，可以推荐皇家咖啡；如果顾客喜欢威士忌风味的咖啡，可以推荐爱尔兰咖啡；如果顾客喜欢带巧克力风味的咖啡，可以推荐摩卡咖啡；如果顾客喜欢甜味但又不喜欢巧克力和糖稀味道的，可以推荐康宝蓝咖啡。

如果顾客希望体会先苦后甜的感觉，焦糖玛奇朵咖啡一定能满足；对于喜爱牛奶的顾客来说，拿铁和卡布奇诺都是值得推荐的饮品；有时候将茶和咖啡混合在一起也会得到顾客的青睐；如果在夏季，冰咖啡系列一定广受欢迎。

（2）按照饮食习惯推荐咖啡。不同的顾客有不同的饮食习惯，服务人员应当根据顾客的日常饮食偏好推荐不同的咖啡。

对于平时没有饮用咖啡习惯的顾客或者是女性顾客，可以推荐咖啡味淡一些的含奶咖啡，这样顾客较容易接受。如果顾客除了不常喝咖啡外，连甜食也吃得比较少的话，可以推荐不加糖的拿铁咖啡；而喜欢吃甜食的顾客，则更适合向其推荐焦糖玛奇朵咖啡。

对于一般顾客，各种花式咖啡、新奇创意咖啡比较适合推荐。对于平时经常喝咖啡的商务人士或专业级品鉴顾客，中高档单品现磨咖啡是首选。

向顾客推荐咖啡，有时需要先对顾客情况进行了解。如对咖啡因过敏的顾客，应该提供低因咖啡；对减肥人士，可以把全脂奶换成脱脂奶、半糖或去糖、去奶油、去奶盖；对素食主义者，可以将牛奶换成豆奶；对精神不佳者，可以建议加一份浓缩。

2. 餐食与咖啡的搭配

（1）早餐与咖啡的搭配。一般来说，早餐更适合搭配含奶的咖啡制品，避免空腹饮用纯咖啡损伤肠胃。这是因为咖啡中含有较多的咖啡因，能刺激胃酸分泌，增加胃酸浓度。而此时的胃，经过一夜休息后处于排空状态，过多的胃酸易损伤胃黏膜，引起胃痛、胃灼热甚至恶心等。所以，拿铁咖啡、摩卡咖啡、卡布奇诺咖啡都是较好的早餐"搭档"。

西式早餐中，三明治比较适合与美洲中部咖啡搭配，含有蔬菜、草本、奶酪和肉类的法式薄饼，与太平洋岛屿咖啡配对最好，火腿蛋这种美式早餐适合搭配中度烘焙的哥斯达黎加咖啡，鸡蛋卷配蘑菇、罗勒或是山羊奶酪则适合搭配爪哇、苏门答腊产的咖啡，燕麦片和薄煎饼适合搭配轻度烘焙的夏威夷科纳咖啡或尼加拉瓜咖啡。

> 特别提示：咖啡与碳酸饮料同时饮用容易形成消化道溃疡疾病或加重此类疾病。

（2）午餐与咖啡的搭配。午餐与咖啡的搭配可以随性一点，如果考虑到午餐摄入肉食较多（如牛排、三文鱼等餐食），需要解腻和促进消化，可以搭配美式咖啡。对于办公室白领来说，选择美式咖啡还可以起到提神的作用，有助于保持良好的精神状态。

> 特别提示：咖啡和酒最好不要一起喝。酒中含有的酒精具有兴奋作用，而咖啡中的咖啡因同样具有较强的兴奋作用。两者同饮，对人产生的刺激较大。同理，咖啡与茶也不能同时饮用。另外，短时间内摄取超量咖啡因对人体有害，所以喝咖啡后应避免再进食含咖啡因的饮料或食品。

（3）下午茶与咖啡的搭配。下午茶注重的是休闲，一般会配曲奇饼干、小奶油蛋糕等甜点食用。如果时间充裕的话，品质更高的单品咖啡是此时的首选，如蓝山、肯尼亚特级、夏威夷科纳、曼特宁、危地马拉等咖啡。

另外，单品咖啡会因为产地的不同，风味具有较大的差异。比如南美的咖啡，口味较为温和、顺滑，这种咖啡应与较清淡的春、夏季甜点来搭配；而产于非洲的咖啡口感一般较厚重，适合与丰盛但又易消化的餐食、甜点搭配。

单品咖啡的烘焙深浅程度同样也决定咖啡的口感与风味，比如像芝士蛋糕这样有着极细风味的蛋糕类，搭配浅烘焙或是有一点酸味的咖啡就很合适；而使用大量水果的派类或挞类甜点，则适合搭配中度烘焙的咖啡；轻乳酪蛋糕、水果蛋糕和坚果蛋糕或是添加酒类的甜点，可以考虑搭配深度烘焙的咖啡。

（4）晚餐与咖啡的搭配。晚餐适合搭配咖啡因含量低的咖啡，避免影响睡眠。对于不愿意吃晚餐意图减肥的人，要避免此时饮用咖啡，防止损伤肠胃。而如果准备熬夜，则不建议大量喝咖啡。虽然咖啡中的咖啡因确实有提神效果，但大量饮用会造成体内代谢速度加快，加速 B 族维生素消耗，而 B 族维生素缺乏的人更容易感到疲劳，这时就会想喝更多咖啡，形成恶性循环。

3. 咖啡载杯及其选择

（1）咖啡载杯材质。咖啡载杯常用材质有玻璃、塑料、陶瓷、纸等。材质会影响咖啡载杯的保温性。由于陶瓷材质保温性好，一般咖啡馆都会定制带杯耳的陶瓷杯来作为热咖啡的载杯；冰咖啡系列的载杯则一般会使用不带杯耳的玻璃杯。

根据咖啡的不同，陶瓷杯又可以进一步细分。陶杯质感浑厚，适合深度烘焙且口感浓郁的咖啡。瓷杯质地轻盈，色泽柔和，密度高，保温性好，能很好地展现咖啡的风味。

（2）咖啡载杯容量。咖啡载杯容量一般以单份意式浓缩咖啡载杯为最小，通常是 2 oz（约 60 mL）。在 100 mL 以下的是小型咖啡杯，多用来盛装浓烈滚烫的意大利浓缩咖啡或单品咖啡。200 mL 左右的是中杯，一般只要不是特别复杂的花式咖啡都可以使用这样的杯子。300 mL 以上的大杯则是为了有足够的空间来装加了大量牛奶的咖啡，如拿铁或摩卡。

外带咖啡的标准容量载杯是 12 oz（约 360 mL），也称为中杯。相对应的小杯容量是 8 oz（约 240 mL），大杯是 16 oz（约 480 mL），超大杯是 20 oz（约 600 mL）。

（3）咖啡载杯的选择。选择咖啡载杯要考虑顾客是堂食还是外带。一般堂食的热咖啡载杯是陶瓷杯，依据咖啡品种、体积和冷热程度选择不同容量的载杯。小型咖啡杯适合用来品尝纯正的优质咖啡，或者浓烈的单品咖啡，一杯一口的分量，能让咖啡的余韵徘徊不去，更显咖啡的精致风味。中杯是最常见的咖啡杯，一般喝咖啡时多选择这样的杯子，有足够的空间，可以自行添加奶和糖。而大杯则适合加大量牛奶的咖啡，一方面喝着过瘾，另一方面也有足够的空间让牛奶和糖充分混合。

外带咖啡载杯在选择时需要考虑咖啡温度、保温性、容量和携带方便性。一般外带热咖啡使用纸杯并配塑料杯盖，外带冰咖啡则使用塑料杯并配吸管。

CHAPTER 2

咖啡原料的识别与选择

项目 1　咖啡品种的识别

* 知识准备

一、原生种咖啡

1. 阿拉比卡种咖啡

阿拉比卡种咖啡（coffea arabica）也被称为"阿拉伯咖啡"或"高山咖啡"，是第一个被人工移植栽培的咖啡品种，也是目前全球最广泛种植的两大咖啡品种之一，占世界咖啡豆总产量的60%～70%，是中美洲、南美洲和东非大部分地区种植的主要咖啡品种。

阿拉比卡种咖啡树起初被认为原产于埃塞俄比亚，在其西南高原地区发现了基因保留完整的特有品种，这些品种也被称为"原生种"或者"本土种"，如今这些品种在埃塞俄比亚也很少见。后来一些原生种也在南苏丹的博马高原发现，在肯尼亚北部的马萨比特山上也有基因保留完整的阿拉比卡种咖啡树，但目前不清楚是否为本土原生种。

17世纪末，阿拉比卡种咖啡树传播到了印度尼西亚的苏门答腊和爪哇岛，因自然环境的改变而出现了部分基因变化，并在此后以其醇厚和低酸度而闻名。阿拉比卡种咖啡树在非洲、拉丁美洲、东南亚、中国和一些太平洋岛屿等许多地区广泛种植。

阿拉比卡种咖啡树适合种植在年降雨量 1 000～1 500 mm，全年降雨量均匀分布，气候温和的地区，它可以耐低温，但不耐霜冻，平均气温 15～24 ℃是最佳的生长环境。阿拉比卡种咖啡树主要在 1 300～1 500 m 的高海拔地区种植栽培，最高可种植在海拔 2 300 m 的地区。阿拉比卡种咖啡树种植难度较大，如果在寒冷或低 pH 值的酸性土壤环境中生长，咖啡树很容易受到损伤，而且比罗布斯塔种咖啡树更容易受到病虫的侵害。

阿拉比卡种咖啡树播种2～4年后就会开花结果，但到完全成熟大约需要7年。阿拉比卡种咖啡树野外自然生长可至9～12 m，但商业品种最多只能长到约5 m，并被经常修剪至2 m以利于采摘。阿拉比卡种咖啡树喜阴，因此很多咖啡种植园会将咖啡树种植在灌木林下，采取遮阴种植的方式。其叶对生，呈现椭圆形，长6～12 cm，宽4～8 cm，有光泽，深绿色。其花朵呈白色，直径10～15 mm，呈簇生长，香气浓郁，类似茉莉花的香。花只能持续几天，然后留下浓密的深绿色叶子，之后咖啡果开始出现。起初，它们像树叶一样深绿色，开始成熟时，先是黄色，然后是浅红色，最后光泽变暗，呈深红色。咖啡果直径为10～15 mm，呈长椭圆形，外观上与樱桃果实极为相似，也因此被称为"咖啡樱桃"。果实内通常包含2颗种子，即真正的咖啡豆。

经统计分析，绝大多数人更偏爱阿拉比卡种咖啡，相较于罗布斯塔种咖啡，它有更丝滑的口感、更优质的酸度和更丰富的风味。高品质的阿拉比卡种咖啡豆略带甜味，糖分含量（6%～9%）较罗布斯塔种咖啡豆（3%～7%）高，带有巧克力、坚果和焦糖的味道，有轻微明亮的酸度和一点点苦味。目前市场上大量推广的精品咖啡豆多为此种，主要用于制作现磨咖啡。

世界上著名的阿拉比卡种咖啡豆产地有埃塞俄比亚的西达摩、危地马拉的安提瓜、哥斯达黎加的塔拉珠、哥伦比亚的慧兰、巴拿马的波奎特、牙买加的蓝山、印度尼西亚的苏门答腊等。

2. 罗布斯塔种咖啡

罗布斯塔种咖啡（coffea robusta）起源于撒哈拉以南的非洲中部和西部，19世纪末在刚果地区被发现，其在植物学上多称为刚果种。因罗布斯塔种这一名称更广为人知，所以通常刚果种也被直接称为罗布斯塔种。刚果种存在许多不同形式的野生品种及其杂交品种，通常很难区分，但主要有两种类型：直立型和伸展型，一般直立型的称为罗布斯塔种，伸展型的称为乌干达种。

罗布斯塔种目前是全球第二大商业种植的咖啡品种，其咖啡豆产量占全球总产量的30%～40%，仅次于阿拉比卡种。罗布斯塔种咖啡树主要种植在非洲、亚洲和拉丁美洲，最大的种植国是越南。

罗布斯塔种是二倍体物种，有22条染色体（阿拉比卡种有44条染色体）。它适合生长在温度更高（22～26 ℃），更湿润且海拔较低（700 m以下）的环境。在一些国家（如乌干达和印度），罗布斯塔种咖啡树也种植在相当高的海拔（1 200 m以上）和树荫下，这有助于生产出口感浓郁、有个性特色的咖啡豆。

罗布斯塔种咖啡树具有耐热性，在阳光下生长更好。它根系发达，但却很浅，大量的供食根系被限制在土壤的上层。它生长力强健，野外自然生长最高可达10 m，当将其用于商业用途种植时，会被修剪至5 m以利于收割。因为它的植株更大，所以一般种植密度比阿拉比卡种低。

它的叶子又宽又大，呈淡绿色。花是白色的，有芳香，比阿拉比卡种的花簇更大。与阿拉比卡种自花授粉不同，罗布斯塔种是不能自育的，需要通过昆虫或风来进行异花授粉。

罗布斯塔种咖啡果实很小，但每个节点的数量比阿拉比卡种多。其果实成熟周期要长一点，需要10～11个月，比阿拉比卡种晚熟两个月。罗布斯塔种咖啡树比阿拉比卡种咖啡树单位产量更高，且产量稳定，抗病（叶锈病）、抗虫（线虫）性强，需要的除草剂和农药也少得多，因此易于护理，无须过多的人工照料，种植成本相对阿拉比卡种更低，咖啡豆售价更便宜。

烘焙后的罗布斯塔种咖啡豆可产生浓郁的咖啡香气，带有独特的泥土和麦子风味。由于人们认为阿拉比卡种咖啡豆具有更丝滑的口感、更优质的酸度和更丰富的风味，因此通常被认为品质更佳；而较粗糙的罗布斯塔种咖啡豆则主要用于制作速溶咖啡以及在拼配咖啡中当作调节剂，增强咖啡的整体香气、浓郁度和醇厚感。尤其是在意大利咖啡文化中，优质的罗布斯塔咖啡豆用于传统的意式拼配咖啡，含量为10%～15%，可提供浓郁的口感和更好的咖啡油脂。如果喜欢更浓烈的咖啡，喜欢意式浓缩咖啡表面丰富的油脂香气，选择混入部分高品质的罗布斯塔种咖啡豆就可以解决。

罗布斯塔咖啡豆的咖啡因含量（2%～3%）几乎是阿拉比卡咖啡豆的两倍（0.8%～1.5%），因此它还可以用作兴奋剂、利尿剂、抗氧化剂、解热剂，以及用于缓解痉挛性哮喘。

二、自然基因突变种和人工栽培种咖啡

咖啡品种通常是指通过人工选育或自然基因突变产生某些特征差异，且具有多样性的咖啡亚种。无论野生的还是种植的咖啡植物，都会产生巨大的变异性，这些变异都具有各自的特性，如抗病性和产量差异。不同的特性会决定这些突变种或者栽培种的商业价值，它是咖啡种植者选择种植品种时的重要参考因素。从微观上讲，选种不仅对种植生产的商业价值至关重要，也是决定咖啡品质的内在因素。从宏观而言，咖啡品种的选择决定了整个咖啡行业的生存能力。

1. 自然基因突变种和人工栽培种的概念

咖啡亚种分成自然基因突变种和人工栽培种。国际精品咖啡协会（SCA）对其的定义如下。

（1）自然基因突变种。指小于亚种、大于变形种，大部分特征仍保留了原有咖啡物种的特征，仅有少量差异化的植物。

（2）人工栽培种。指通过人为的园艺和农业种植技术栽培的，而非自然族群中发现的咖啡植物。通常精品咖啡均属于人工栽培种，如铁皮卡和波旁就是最有名的人工栽培种。

此外，咖啡叶锈病的流行导致全球咖啡豆减产，这促使许多咖啡种植者探索新的替代品种，设立了咖啡新品种培育计划，这些育种计划已经产生了部分重要的实验室种或杂交种。

2. 咖啡品种的选择

咖啡种植者们已经为他们种植的咖啡植物设计了标准，育种的最新技术为种植者提供了具有更好的杯测品质、更高的产量、更强的抗病性等特征的咖啡品种。以下特征对于咖啡的生产价值至关重要。

（1）咖啡杯测品质。咖啡杯测品质是指烘焙后的咖啡感官品质，这是咖啡价值的决定性因素，被认为是最重要的参考特征。

（2）咖啡产量。咖啡产量是指该品种的咖啡果产量，通常每公顷会种植 1 100～1 400 棵树，产量则用每年每公顷多少千克或者吨来表示。高产量是生

产者的主要目标之一，专门培育高产量的品种是相对较新的趋势。

（3）抗病性。对疾病的抵抗力不仅是自然选择的重要因素，也是培育新品种的重要因素。抗病性主要是针对叶锈病和浆果病，以及少量的地方性疾病。

（4）抗虫性。抗虫性通常不是通过栽培产生的，而是从某些特定品种中发现的特征。已经发现某些种类的咖啡树对线虫和潜叶虫具有抗性，罗布斯塔种咖啡树的抗虫性较高。

（5）咖啡树大小。对一些希望在室内种植咖啡树的种植者而言，为提高空间使用率，从而提升产量，较小的咖啡植物就成为首选。

（6）咖啡因的含量。咖啡因的含量对许多人而言，关系到其睡眠质量和身体健康。

（7）咖啡树成熟周期。成熟周期对一个新种植场而言比较重要，种植者们希望咖啡树能够早点成熟。

3. 常见的自然基因突变种和人工栽培种

铁皮卡和波旁是阿拉比卡种咖啡中最重要的两个咖啡品种。历史记录表明，阿拉比卡种咖啡被作为一种作物从埃塞俄比亚西南部的咖啡森林中移植到也门。最近的基因测试也证实，铁皮卡和波旁是从埃塞俄比亚带到也门的主要种子，然后经也门走向世界各地，形成了现代阿拉比卡种咖啡种植的基础。

（1）铁皮卡。到17世纪末，咖啡树已经离开也门，在印度生长。最近的基因图谱结果表明，铁皮卡和波旁都包括在这一从也门引进印度的品种中。现在世界上移栽的铁皮卡及其分支是从印度带到印度尼西亚的种子后裔，之后一株铁皮卡种咖啡树苗从印度尼西亚被带到了阿姆斯特丹，种进了植物园，这株植物成为18世纪美洲殖民地的铁皮卡种祖先。

在18世纪晚期，铁皮卡种咖啡树种植从南美洲扩展到加勒比地区（古巴、波多黎各、圣多明戈），墨西哥和哥伦比亚。到20世纪40年代，中美洲的大多数咖啡种植园都种植了铁皮卡。由于该品种产量低，对于主要咖啡病害敏感，在美洲大部分地区已逐渐被波旁取代，但仍在秘鲁、多米尼加和牙买加广泛种植。

首次生产年份：4年。

营养需求：中等平均水平。

果实成熟时间：中等平均水平。

咖啡生豆产量：中等平均水平。

种植密度：3 000～4 000株/公顷（单干修剪）。

抗病性和抗虫性：易染病、易受虫害影响。

家族成员（血统）：蓝山、科纳、爪哇、肯尼亚特级等。

感官特征：酸度偏高，口味干净甜美，醇度偏低。

（2）波旁。有记录表明，法国曾三次尝试将这种咖啡从也门引进波旁岛（现在的留尼汪岛），分别是1708年、1715年和1718年。最近的基因研究证实了这一点。从第二次引种到第三次引种，只有少数植物成功。直到19世纪中叶，波旁才离开该岛。法国传教士在传播波旁方面发挥了重要的作用。

波旁于1860年首次被引入美洲。

首次生产年份：4年。

营养需求：中等平均水平。

果实成熟时间：早熟。

咖啡生豆产量：中等平均水平。

种植密度：3 000～4 000株/公顷（单干修剪）。

抗病性和抗虫性：易染病、易受虫害影响。

家族成员（血统）：卡杜拉、红波旁、黄波旁、粉波旁、SL28、SL34。

感官特征：酸度适中，醇度适中，坚果味和水果味明显。

（3）卡杜拉。卡杜拉是波旁的自然变异，是适合种植在700～1 700 m高海拔地区的袖珍型咖啡品种，海拔越高，风味越佳，但产豆量也会相应减少。1915年至1918年间，它在巴西米纳斯杰拉斯州的一个种植园里被发现。卡杜拉有一个单一的基因突变，导致植物变小。它的名字来源于瓜拉尼语，意思是"小"，也被称为"nanico"。种植者们对卡杜拉的小尺寸比较感兴趣，因为这可以增加每公顷的种植数量，生产更多的咖啡豆。

卡杜拉于20世纪40年代被引入危地马拉。在之后的30年里，卡杜拉又从危地马拉传入哥斯达黎加、洪都拉斯和巴拿马等中美洲国家，但并未进行广泛的商业种植。直到20世纪70年代,咖啡豆价大涨,农民纷纷改种卡杜拉,通过高密度种植且无须遮阴,促进产量提高。如今,卡杜拉已是中美洲最重要的咖啡品种之一。

卡杜拉也被认为是卡蒂姆的父母之一。人们将抗叶锈病的东帝汶杂交品种的不同株系与卡杜拉杂交,培育出具有抗叶锈病能力的矮生植株卡蒂姆。

首次生产年份:3年。

营养需求:高。

果实成熟时间:中等平均水平。

咖啡生豆产量:中等偏上。

种植密度:5 000~6 000株/公顷(单干修剪)。

抗病性:比波旁强。

子品种:马拉卡杜拉、卡蒂姆、卡杜艾等。

感官特征:酸度适中,醇度适中,与波旁类似,略带柑橘类风味。

(4)卡杜艾。卡杜艾是高产的蒙多沃诺和袖珍型黄色卡杜拉的杂交品种。它是1949年由巴西坎皮纳斯农学研究所(ICA)研究培育的一款高产品种,最初被称为H-2077。卡杜艾源于瓜拉尼语,意思是"非常好"。该品种于1972年在巴西进行了群体选择后被种植者在巴西广泛种植,有黄果和红果两种类型。

与波旁相比,卡杜艾的产量更高,部分源于它的植株矮小,可以使植株间距更紧凑,因此它的种植密度几乎是波旁的两倍。但在这种环境下需要足够且正确的施肥和维护才能保持产量和植物健康。卡杜艾易受咖啡叶锈病的影响,植株矮小更容易实施除虫和疾病防治。它的次枝与树的主干形成的角度小,树对强风和雨水有较强的抵抗力,能够很好地保护咖啡果实不掉落。

首次生产年份:3年。

营养需求:高。

果实成熟时间:中等平均水平。

咖啡生豆产量:中等偏上。

种植密度:5 000~6 000株/公顷(单干修剪)。

抗病性：比波旁强。

子品种：黄色卡杜艾、红色卡杜艾、卡杜艾8号、卡杜艾10号。

感官特征：酸度优质，醇度适中，水果味、甜味较明显。

（5）瑰夏。它是一款原产于20世纪30年代埃塞俄比亚的阿拉比卡原生种咖啡，它的名字也源于这里。虽然人们发现它对咖啡叶锈病具有耐受性，但这种植物的树枝很脆弱，不受种植者喜爱，所以没有被广泛种植。直到2004年，它在"巴拿马最佳咖啡"竞赛和拍卖中获得了极高的分数，打破了当时咖啡生豆拍卖价格的纪录，以每磅21美元的价格售出，才声名鹊起。之后它更在2005年、2006年、2007年连续三年获得该项竞赛冠军，并于2007年在美国精品咖啡协会主办的杯测比赛中获得冠军，同时以竞拍价每磅130美元的价格打破竞拍豆有史以来的最高价纪录。瑰夏由此成为咖啡界公认的王者，在之后的十多年里，全球各项咖啡比赛中都能看到瑰夏的身影，前六甲基本上有一半是瑰夏。瑰夏的王者地位至今无人能撼动，在世界各地的精品咖啡馆里，瑰夏咖啡的价格在90～300元/杯，这使它成为世界上最昂贵的咖啡之一。

瑰夏具有独特的花香和水果风味，根据产地和处理工艺的不同，瑰夏还会带有一丝柑橘、芒果、百香果、蜜桃或莓果等让人惊喜的水果味。不同的品鉴者能在瑰夏里品鉴到不同的让人喜悦的香气和风味，这是瑰夏获得超高评价的主要原因。

相关链接

瑰夏的名称争议

关于瑰夏，人们还是存在较大的困惑，因为有多种基因上截然不同的植物类型都被称为瑰夏，其中许多在埃塞俄比亚有着相似的地理起源。世界咖啡研究组织最近进行的遗传多样性分析证实，巴拿马瑰夏T2722的后代是独特而统一的。"Geisha"和"Gesha"的拼写经常互换使用，这与埃塞俄比亚方言没有固定的英语翻译有关。瑰夏咖啡最早以"Geisha"的拼写方式出现在种质记录中，咖啡研究人员和种质库几十年来一直坚持这种拼写，导致这种拼写在咖啡行业得到推广使用。瑰夏最初是在埃塞俄比亚一座山附近收集的，这座山的名字在英语中通常被翻译成"Gesha"，因此咖啡行业的许多人更愿意接受"Gesha"这种拼写。

（6）卡蒂姆。卡蒂姆是1959年由科学家在葡萄牙开发的，目的是寻找高产、高抗病性和小株（可高密度种植）的品种。该品种是帝汶和卡杜拉的杂交品种。

卡蒂姆于1970年首次被引入巴西，但不久之后，这种植物迅速传播至整个拉丁美洲。海拔700～1 000 m是其最佳生长高度，过高或者过低都不利于其茁壮成长。卡蒂姆的树枝类似罗布斯塔种，它的叶子刚长出来的时候有一种明显的红褐色。种植卡蒂姆的成本较罗布斯塔种高。如果照顾良好，树苗体积小、种植密度大、果实成熟快的特性能使卡蒂姆达到极高的产量。

培育卡蒂姆是希望能够在咖啡蛀虫及其他病虫害容易发生的中低海拔地区可以广泛种植，因为其具有高抗病虫害的特性。然而事与愿违，卡蒂姆咖啡因为感官品质不佳而在消费市场缺乏吸引力，这使很多卡蒂姆种的种植者陷入了销售困境。而且由于高产的过程会极大地消耗咖啡树的能量，导致卡蒂姆的寿命出现偏短的趋势，如印度尼西亚的卡蒂姆种咖啡树平均寿命只有10年。

如今卡蒂姆在印度尼西亚和越南很常见，在我国云南也有大量种植。在中美洲发生咖啡叶锈病危机之后，墨西哥和秘鲁等海拔较高的国家也普遍开始种植卡蒂姆种咖啡树。

卡蒂姆经常被提到的一个主要问题是杯测品质。该品种与低海拔地区种植的阿拉比卡种在感官上差异不大，但是与种植在海拔1 200 m以上的阿拉比卡种相比就会明显逊色。在这种情况下，许多人会倾向于选择波旁、卡杜拉、卡杜艾、铁皮卡。当然也有喜欢卡蒂姆种咖啡的消费者，主要是亚洲（如越南、印度尼西亚、日本和中国）的咖啡消费者。

（7）蓝山。蓝山是一种典型的突变种，原产于牙买加的蓝山，后来人们就以蓝山来命名它。蓝山现在广泛种植在夏威夷的科纳岛上，它也被引进到肯尼亚西部。

蓝山能抵抗咖啡果病，而且和铁皮卡一样，咖啡树能长得很高，但是它并不能适应所有的气候条件。

执行

任务 / 识别咖啡生豆的物种

Step1 观察咖啡生豆的外观特征

将咖啡生豆平铺在光线充足的台面上或直接置于手掌中，观察咖啡生豆的大小、形状、颜色。

Step2 判断咖啡生豆的品种

豆形修长或细小，侧身看厚度偏薄，颜色多带有点绿色的为阿拉比卡种咖啡豆；豆形饱满圆润，颜色偏黄色或者白色的为罗布斯塔种咖啡豆，如图2-1所示。

本任务主要是区分两大咖啡品种的生豆差异，其子品种和杂交种的差异更加细微，这里不深入讲解，感兴趣的读者可以自行查阅有关资料。

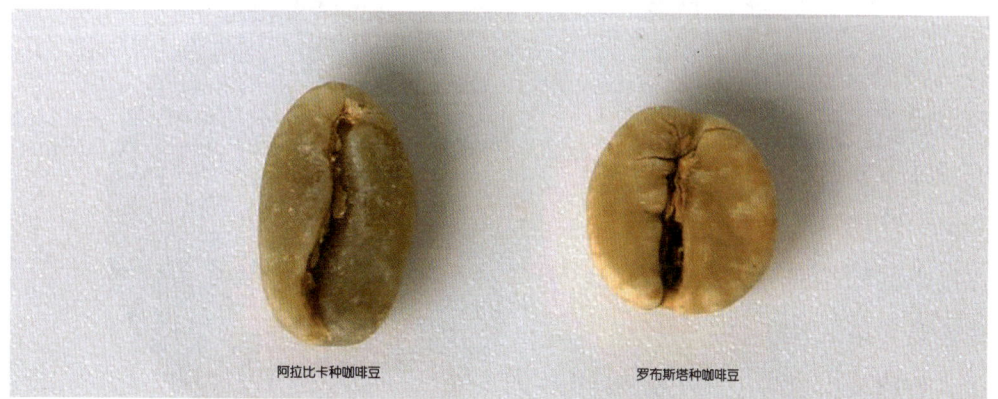

图2-1 阿拉比卡种咖啡豆与罗布斯塔种咖啡豆的外观形状对比

项目 2 咖啡豆产区介绍

✴ 知识准备

世界上几乎所有的咖啡树都生长在北回归线到南回归线之间的热带区域，这个种植咖啡的区域被称为"咖啡带"或者"咖啡圈"。咖啡带分布于非洲、亚洲、美洲和大洋洲。由于大洋洲咖啡豆产量与其他三个地区相差较多，因此通常习惯性称咖啡豆有三大产区，即非洲咖啡豆产区、亚洲咖啡豆产区和美洲咖啡豆产区。目前世界上咖啡豆产量最大的四个国家分别是巴西、越南、哥伦比亚、印度尼西亚。洪都拉斯的咖啡豆产量逐年增加，在2017—2018产季超越埃塞俄比亚，成为全球第五大咖啡豆生产国，这也说明每年咖啡豆生产国的产量会受各种不确定因素影响而导致排名变化。

一、非洲咖啡豆产区

非洲大陆咖啡豆产量约占全球产量的12%，埃塞俄比亚和乌干达的咖啡豆产量共占非洲咖啡豆产量的62%，科特迪瓦紧随其后，是西非最大的咖啡豆生产国，也是非洲第三大咖啡豆生产国。2018年非洲咖啡豆产量分布情况如图2-2所示。

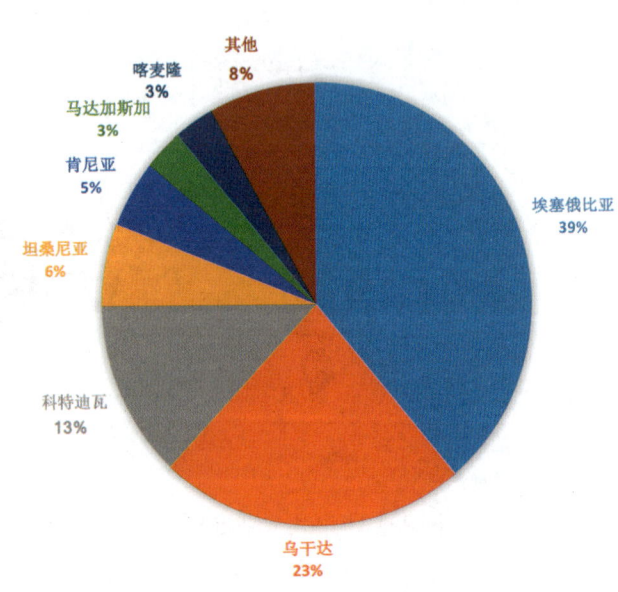

图2-2 2018年非洲咖啡豆产量分布情况

非洲咖啡豆总产量相对其他两个大产区而言偏少，但其咖啡豆却受到了咖啡品鉴者的高度评价。东非沿南北长轴种植着世界上一些最有特色的咖啡品种，这条南北长轴始于阿拉伯半岛南端的也门，结束于非洲南部的津巴布韦，包括埃塞俄比亚、肯尼亚、坦桑尼亚、赞比亚等咖啡豆产地。这些产地的咖啡豆通常散发着各种诱人的花香和水果香。

1. 埃塞俄比亚咖啡豆产区

埃塞俄比亚作为咖啡的起源地，在整个咖啡发展史上占据着非常重要的地位。埃塞俄比亚较好地保留了咖啡的原生种，并使其更为多样化和更具特色，因而成为非洲最具代表性的咖啡豆生产国。埃塞俄比亚目前的咖啡豆产区主要有西达摩、哈拉尔和大吉玛，其中以西达摩的耶加雪菲产区最为著名。耶加雪菲水洗处理的咖啡豆拥有茉莉花的清新花香、柠檬柑橘风味，酸质明亮，余香环绕舌尖，质感柔和，口感黏度极佳；部分地区也采用自然干燥法处理咖啡豆，处理后的咖啡豆有丰富的蜂蜜、莓果、柑橘和红酒的香气和风味，成为世界上最有名的精品咖啡豆之一。

2. 肯尼亚咖啡豆产区

肯尼亚咖啡豆产区是当代咖啡豆产地中最受人钦佩的，虽紧挨咖啡原产地埃塞俄比亚，却是最晚种植咖啡的国家之一，到 1900 年才由英国人在这个以茶饮为主的国家推行咖啡种植。肯尼亚咖啡主要种植在 1 400～2 000 m 的高海拔地区，主要品种为 SL28、SL34。

种植海拔高度、土壤、气候等不可预估的因素，使得肯尼亚咖啡豆拥有甜蜜的水果味和柑橘味、强烈的葡萄酒酸味，醇度适中，口感干净，几乎没有缺陷和异味，成为东非地区高品质咖啡豆的代表。

3. 坦桑尼亚咖啡豆产区

坦桑尼亚的阿拉比卡种咖啡主要生长在乞力马扎罗山和梅鲁山的山坡上。在交易市场上，这些咖啡被称为乞力马扎罗山咖啡。坦桑尼亚产的咖啡豆具有非洲阿拉比卡种咖啡豆典型的明亮酸味，口感醇厚，风味丰富。

咖啡在非洲主要是作为一种经济作物出口，因为除埃塞俄比亚等地区之外，非洲人喝咖啡相对较少，特别是肯尼亚和乌干达的当地人以饮茶为主。埃塞俄比亚、马达加斯加、科特迪瓦等主要咖啡消费国，人均咖啡消费量也远低于其他新兴市场。但这种情况正在发生变化，该地区新兴的城市化中产阶级正在推动当地咖啡的消费，这种变化从当地咖啡连锁店的日益增多中可以看出。

二、亚洲咖啡豆产区

亚洲最著名和最有特色的咖啡豆源于马来群岛。苏门答腊岛、苏拉威西岛和帝汶岛生产并经传统水洗加工的咖啡豆拥有着复杂的水果味、泥土味和烟丝味。苏门答腊岛和爪哇岛生产并经湿泡法处理的咖啡豆光亮而富有花香，还能从中感受到从微妙到强烈芬芳的酸味。

1. 越南咖啡豆产区

越南是继巴西之后世界第二大咖啡豆生产国。越南咖啡主要种植于南部，以罗布斯塔种咖啡豆为主（占其咖啡豆总产量的97%左右），越南也是世界第一大罗布斯塔种咖啡豆生产国。其北部主要种植阿拉比卡种咖啡，由于种植面积的扩大，而且受售价影响，其阿拉比卡种咖啡豆的产量逐步上升。越南咖啡于1857年由法国人引进，通过种植制度发展起来，并成为该国的主要收入来源。

2. 印度尼西亚咖啡豆产区

印度尼西亚主要有三个咖啡豆产区，分别是苏门答腊岛、苏拉威西岛和爪哇岛。

（1）苏门答腊岛咖啡豆产区。这是印度尼西亚最核心的咖啡豆产区，其北部的林东区和曼特宁区种植着传统的优质阿拉比卡种咖啡，通常以其产地名命名。曼特宁咖啡豆香气浓郁，有类似巧克力和坚果的风味，酸味优质，令人愉悦，酸度适中，口感厚实，甜味明显，适合深度烘焙，烘焙后咖啡豆颗粒较大。但其种植和处理过程中很容易出现瑕疵豆，外形比较丑。

早期的猫屎咖啡也出自苏门答腊岛，一种叫作麝香猫的小动物在食用咖啡果实之后，将未消化的咖啡种子随粪便一起排出体外，苏门答腊岛部分地区的村民从野生的麝香猫粪便中收集这些咖啡豆。猫屎咖啡以其独特的处理方式和风味特征，一度风靡全球。

（2）苏拉威西岛咖啡豆产区。这个地区既可以种植出酸味活泼、醇度适中、平衡感好，类似曼特宁的高品质咖啡豆，也会种植出品质差，有泥土味、灰尘味、霉味的咖啡豆。

（3）爪哇岛咖啡豆产区。18世纪初，荷兰人在爪哇岛种植了第一批阿拉比卡种咖啡树，后来受叶锈病影响，大部分咖啡种植区域改为栽种抗病性更强的罗布斯塔种咖啡树。爪哇岛咖啡豆由于在大农场经受了复杂的湿加工和烘干处理，因此口感更加清爽、干净、明亮，有明显的甜味，有浓郁的坚果、香料和香草香气。当然，处理不好的咖啡豆同样伴随着泥土味和霉味。

3. 印度咖啡豆产区

印度出产的阿拉比卡种咖啡豆往往更甜，具有花香，酸度低。印度也出产世界上最好的罗布斯塔种咖啡豆，最具代表性的就是马拉巴季风豆。它是一种经过干燥加工处理的咖啡豆，暴露于潮湿的季风中数星期，使其酸度减弱，醇厚度提升。

4. 中国咖啡豆产区

中国最早开始种植咖啡的地区是台湾，之后云南、海南、广东、广西、福建、四川等地都有种植，其中云南咖啡种植面积最广、种植产量最大，占中国咖啡豆总产量的98%以上。云南种植咖啡的地区主要有普洱、保山、德宏、西双版纳和临沧，以种植铁皮卡种咖啡树和卡蒂姆种咖啡树为主。

三、美洲咖啡豆产区

美洲是世界上咖啡豆产量最大的地区。咖啡树遍布拉丁美洲的山区，从墨西哥南部往南，贯穿整个中美洲，延续到南美洲的哥伦比亚、玻利维亚、秘鲁和巴西高原，并涵盖加勒比海大岛屿的高地。典型的拉丁美洲咖啡豆表现出明亮、活泼的酸味和干净清爽的口感。因为美洲产区跨度大，种植的咖啡品种多，所以这个产区的咖啡豆口味表现非常丰富。

中美洲和哥伦比亚高海拔地区种植的咖啡豆往往表现出优质、明亮的酸味和饱满的醇厚感。加勒比海地区的咖啡豆（包括著名的牙买加蓝山）都更倾向于体现浓郁而圆润的均衡感，酸味低。中美洲低海拔地区出产的咖啡豆则更加柔顺、圆润。

1. 危地马拉咖啡豆产区

危地马拉地处中美洲，咖啡主要种植在高海拔的山区，其中以安提瓜火山区盆地和薇薇特南果地区最为著名，因其保留了更多的阿拉比卡传统品种——铁皮卡和波旁。安提瓜的火山土壤中产出的咖啡豆更具特色，风味多样。危地马拉咖啡大多数种植在阴凉处，大农场会进行严格的遮阴处理，小农场则在丛林中种植咖啡树，精细化的种植管理只为追求更卓越的咖啡豆品质。危地马拉产的咖啡豆主要表现为烟丝、香料、坚果、巧克力风味。

2. 哥斯达黎加咖啡豆产区

哥斯达黎加的咖啡豆生产始于1779年，是种植阿拉比卡种咖啡豆的主要国家之一。政府从法律上禁止种植低质量的咖啡豆，鼓励咖啡种植者追求更卓越的品质。

哥斯达黎加70%以上的咖啡种植在高海拔的山区。这些山区温暖的气候、理想的降水量、富含火山灰的土壤为种植最优质的阿拉比卡种咖啡豆提供了适宜的环境，优美的自然风光也使这些山区成为参观咖啡种植的理想之地。

多样的热带气候和山区海拔高度的差异使哥斯达黎加拥有各种各样的微气候和湿度，适合种植不同品种的咖啡，因而形成了八个不同的产区和各自独特的咖啡豆风味，也为咖啡豆的香气、醇度、风味和酸度提供了更多的变化。在这些产区中，塔拉苏最为著名。

3. 巴拿马咖啡豆产区

巴拿马是精品咖啡豆市场中较新的一员，其最好的咖啡生长在巴拿马北部靠近哥斯达黎加的地区。该产区虽然加工技术上比较先进，但是种植方法更偏向传统。该产区大部分的咖啡品种是种植在树荫下的传统典型的咖啡品种。也许由于传统的遮阴品种的优势，巴拿马出产的咖啡豆一般表现出比邻国哥斯达黎加出产的咖啡豆更加复杂和独有的特征。

巴拿马拥有众多知名的咖啡庄园。在几个经营良好的庄园中，咖啡树在生长过程中被细心照顾，其产出的咖啡豆有着活泼、轻柔的酸味，口感丰富。

4. 牙买加咖啡豆产区

牙买加的蓝山是加勒比地区最高的山峰之一。该地区气候凉爽、雨量充沛、土壤肥沃、排水良好，是种植咖啡的理想之地。蓝山咖啡豆因其口感均衡、温和、酸甜平衡、无苦味而成为世界上最著名、最昂贵的咖啡豆之一。

牙买加蓝山咖啡是有认证标志的，只有经过牙买加咖啡行业协会认证的咖啡豆才能被贴上"蓝山咖啡"的标签。蓝山咖啡来自牙买加蓝山地区一个公认的成长区域，其种植过程由牙买加咖啡行业协会监测。一般来说，从圣安德鲁、圣托马斯、波特兰和圣玛丽教区收获的咖啡豆才可能被认证为蓝山咖啡。

传统上，只有在海拔 910～1 700 m 之间生长的咖啡豆才能被称为牙买加蓝山咖啡。在海拔 460～910 m 之间生长的被称为牙买加高山咖啡，在海拔 460 m 以下生长的被称为牙买加咖啡或低山咖啡。在牙买加，海拔 1 700 m 以上的土地均为森林保护区，因此几乎没有咖啡种植。

牙买加蓝山咖啡的名气和高价促使一些带有欺诈性质的混合咖啡产生，如蓝山拼配咖啡，实际上含蓝山咖啡量很少；又如蓝山"风味"咖啡，其实根本不是蓝山咖啡。

5. 哥伦比亚咖啡豆产区

哥伦比亚是继巴西和越南之后的世界第三大咖啡豆生产国，也是世界上精品咖啡豆的主产地，生产大量且品质稳定的优质阿拉比卡种咖啡豆，有传统的铁皮卡、波旁、卡杜拉、抗病杂交品种，也有一些稀有名贵品种，如瑰夏。

哥伦比亚咖啡豆加工主要采用水洗处理法，也有少量用日晒处理法与蜜处理法。哥伦比亚咖啡豆质量中上，没有极端好或差，风味活泼，有细致的水果风味，酸味充满活力且不尖锐，醇度适中。

6. 巴西咖啡豆产区

巴西是世界上最大的咖啡豆生产和出口国，其咖啡豆产量占世界咖啡豆总产量的 1/3。巴西是世界上最大的阿拉比卡种咖啡豆生产国，罗布斯塔种咖啡豆产量略低于越南，居世界第二。

巴西咖啡种植主要分布在东南部的米纳斯吉拉斯州、圣保罗州和巴拉那州，那里环境和气候条件十分理想。巴西咖啡种植的海拔高度主要在 600～1 000 m，远远低于中美洲水平。较低的海拔意味着巴西咖啡的酸度相对较低且不够明亮。半日晒处理法是巴西的咖啡农场主要采用的咖啡豆加工方法。

巴西咖啡豆种类多，产量大，口感均衡、柔和、顺滑，醇厚度适中，甜感好。正因为它的均衡与柔和，使得它在与其他咖啡豆拼配混合时，不易改变其他咖啡豆的味道，而且它的咖啡油脂细腻丰富，适合与其他咖啡豆混合作为意式拼配咖啡豆。巴西咖啡豆价格实惠、稳定，市面上绝大多数的拼配咖啡豆中都含有巴西咖啡豆。

项目 3　咖啡生豆处理工艺

＊ 知识准备

　　咖啡生豆处理工艺也称为咖啡生豆处理法或者咖啡生豆加工工艺。咖啡是一种独特的农产品，人们不吃它的果实，而是使用其更有价值的生豆，实际上是咖啡果的种子。每个咖啡果有2颗咖啡种子，偶尔也会出现只有1颗或者3颗种子的情况，只有1颗种子的称为"圆豆"或者"公豆"。为了用咖啡豆制作咖啡饮料，必须先从咖啡果实中将咖啡种子外的果皮、果肉和黏液去除，取出种子，这种提取咖啡种子的过程就称为处理工艺或加工工艺。而咖啡果本身是一种有生命的水果，从咖啡树上采摘下来，含水量极高，仍具有活性，且不易运输，如果不及时处理，堆放在一起容易发酵、发霉、变质，所以需要先进行处理加工。处理加工步骤包括筛选，去除杂质、外果皮、果肉、黏液，干燥至含水量只有10%～12%的状态，然后将其存储在恒温恒湿的仓库内，在交易出口前脱壳、去除羊皮纸（内果皮）、打磨银皮、分级，然后根据需要运送到交易市场、烘焙工厂、咖啡生豆贸易商处或者有烘焙功能的咖啡馆里进行烘焙。

　　目前，世界上常见的咖啡生豆处理工艺有日晒处理法、水洗处理法、半日晒处理法、蜜处理法等。这些处理工艺主要区别在于加工顺序，它们的适用场景不太一样。人们根据每个地理区域的咖啡类型和咖啡风味来选择最合适的处理工艺。每一种处理工艺都是一种标准，其中水洗处理法使用最广泛，日晒处理法和蜜处理法则因为其创造的独特风味、甜味和低用水量而备受欢迎，半日晒处理法适用于湿度低的产地。

一、日晒处理法

　　日晒处理法又称为自然干燥处理法，有时也称为干燥法或者未水洗法，它是源于埃塞俄比亚的一种古老的处理方法，适用于水资源有限的地区。咖啡果采摘后会整皮保存，摊成薄层暴露在阳光下。这个过程需要几个星期才能达到一定的干燥程度，以避免腐烂和发霉。为了加快发酵过程，有的地方利用风扇加热蒸汽干燥，控制发酵环境，克服不稳定的气象条件。在咖啡干了之后，人们会用机械的方法去皮去肉，得到咖啡豆。这种方法在巴西、埃塞俄比亚、哥斯达黎加、越南和印度尼西亚被广泛使用。

1. 日晒处理的过程

（1）采摘咖啡果。大部分日晒的咖啡果都是人工采摘的，只有像巴西平原地带的大农场才会采用机械采摘。普通的咖啡果直接采用撸枝法或者摇树法采摘，优质的咖啡果则要选择性采摘，仅采摘成熟度高的，这也意味着咖啡种植者在每个收获季可能要进行多次采摘。

（2）筛选咖啡果。日晒的咖啡果一般只会粗略筛选一下，将明显未成熟的绿果、成熟过度发霉的黑果、残缺豆、严重虫蛀豆及树枝、树叶、石子等剔除；精品优质的咖啡果才会仔细筛选，但仍不能完全筛选干净，如有些虫蛀的咖啡果是不容易被发现的。现在有条件的地方也会用水筛选一次，剔除漂浮的部分，这样会筛选得更干净。筛选不是所有日晒处理法都会有的步骤。

（3）干燥。将筛选后的成熟咖啡果放在露天平台上或凸起抬高的晾晒床（也称为非洲晾晒床）上晾晒，果实完好无损，待其自然干燥到含水量10%～12%，咖啡果从有光泽的红色变成褶皱的深黑色。整个干燥过程时间为2～4周，依据干燥期间的气候决定，所以需要时刻关注天气变化，如光照情况、降雨情况、环境温度和湿度。干燥过程会发生自发的、不受控制的发酵，需要经常翻耙，使其受热均匀、干燥均匀，避免发酵不均、发酵过度或者真菌生长。根据产地和日晒处理方式不同，咖啡果发酵过程和咖啡豆最终口味也会有所不同。

（4）脱壳储存。干燥后，需要对咖啡豆进行脱壳，去除果壳和羊皮纸。脱壳的方法从原始的手工操作到高度复杂的设备操作都有。一旦去壳，咖啡就会按照目数大小、缺陷进行分类，有时会由工人进行视觉检查并去除缺陷，有时会由尖端的激光分选机执行这一重要步骤。一旦加工完毕，咖啡就被储存在专门用于农业生产的带塑料袋的黄麻袋中，以保护它们不受虫类侵害，且避免受潮。然后把它们储存在仓库里,并避免光照。使用木质升高台板使袋子远离地面。仓库环境恒温恒湿控制,温度在19～25 ℃,湿度在60%～65%。之后通过咖啡贸易,出口到消费国。

2.影响日晒处理咖啡豆的因素

(1)咖啡果自身品质。如咖啡果采摘的成熟度和均匀度,采摘后是否筛选剔除杂质和不好的咖啡果。

(2)晾晒场地。新鲜采摘的咖啡果可能会被铺在防水油布、混凝土晾晒场、天井台、非洲晾晒床上,有时甚至在路边平台上。路边平台和混凝土晾晒场容易受到夜晚回潮的风险,同时存在混入小动物毛发、石子、泥沙等杂质的潜在风险;防水油布透气性不强,需要更多的翻耙;天井台和非洲晾晒床晾晒效果最佳,特别是非洲晾晒床上下都通风,干燥得更均匀,但是天井台受建筑空间限制,非洲晾晒床需要额外的搭建成本。

(3)环境天气。日晒处理受环境天气的影响最大,光照强度、光照时间、环境温度和湿度等会直接影响咖啡豆的干燥时间和发酵程度。干燥时间越长,受到污染损害的风险就越大,产生瑕疵的可能性就越高。因为环境天气因素的不确定性,且对咖啡豆品质的影响较大,有条件的咖啡豆生产商往往不用日晒处理法,而选用半日晒处理法、蜜处理法或水洗处理法,通过去除果的外层,加快干燥过程,从而降低发酵变质的风险。日晒处理法一般只在缺乏水资源和经济相对落后、对咖啡豆质量要求不高的地区使用。

(4)晾晒厚度与翻搅频率。晾晒厚度会影响晾晒在底部的咖啡果干燥速度和均匀程度。翻耙搅拌主要是为了使其均匀干燥,所以翻搅频率会影响干燥时间和发酵程度,从而影响咖啡豆的风味和品质。晾晒厚度大就应增加翻搅次数,翻搅次数太少或者间隙太长会导致表面干燥,底部潮湿发酵过度或发霉,产生尖锐的酸味和腐烂的水果味。

3.感官特征

优质的日晒处理咖啡豆有明显的水果、红酒、蜜饯、葡萄干、可可的香气和风味,风味域广,醇度高,酸度低,干净度和均一性不如水洗处理的咖啡豆。处理不佳的咖啡豆可能出现醋酸味、霉味或变质的水果味。

4. 日晒处理法的优点

（1）操作简单，无复杂困难的操作流程。

（2）无须昂贵的设备设施投入，投资成本低。

（3）用水量少，环保，可持续发展。

（4）咖啡风味域广，经常有令人惊喜的优质风味，口味丰富，水果味浓郁，醇度高，甜度高。

5. 日晒处理法的不足

（1）占有晾晒空间大、时间长。

（2）受天气、日照强度、干燥时间等因素的影响较大。

（3）咖啡果筛选不足，混入瑕疵的概率高。

（4）咖啡豆的品质参差不齐，干净度不如水洗好。

（5）必须有专人照料，定期翻搅，否则容易发酵变质甚至发霉，造成经济损失。

（6）咖啡豆品质稳定性、一致性较差，每个产季甚至不同批次日晒的咖啡豆风味都不一样，对后期的烘焙师和咖啡师要求较高。

二、水洗处理法

水洗处理法也称为湿处理法，这里的湿处理法与印度尼西亚的湿去壳/湿泡处理法还是有区别的。水洗处理法是咖啡工业中最常见、最受欢迎的一种加工方式——这是有充分理由的。洗过的咖啡豆更干净，具有更明显的酸度，虽然没有那么丰富的水果味，却能更多地体现种子本身的味道，而且风味稳定。

1. 水洗处理的过程

水洗处理的过程与日晒处理最容易区分，日晒处理是在自然状态下保留完整果实直接晾晒干燥，水洗处理则是需要将咖啡果皮、果肉、黏稠物全部去除干净后，只留下羊皮纸和银皮再干燥。具体过程如下。

（1）筛选咖啡果。将采摘收获的咖啡果放在水槽或者大桶里用清水冲洗，因为密度的差异，高品质的咖啡果比水密度大，会沉在底部，相比之下，发育不良的咖啡果、成熟过度发霉的黑果、残缺豆、严重虫蛀豆及树枝、树叶会漂浮在水面上，可以轻松剔除这部分瑕疵物，筛选出优质的咖啡果，同时咖啡果表面的泥土、灰尘也会被洗干净。这个步骤就是水洗处理干净度优于日晒处理的主要原因。有些咖啡果会根据大小和成熟度进行区分处理，一些个头较小、品质较差的咖啡果会以低价出售。

（2）去果皮果肉。将咖啡果放入脱皮机内脱去果皮果肉，留下带黏液的咖啡豆，而果皮和果肉将作为肥料。在这个过程中并不是所有的咖啡果都能被脱皮机脱干净，需要将脱皮后的咖啡豆再进行筛选。如果果肉在这个步骤中没有脱落，那么它就不是完全成熟的，会被手工挑选出来，用于制作品质较差的咖啡。

（3）发酵过程。将带有黏液的咖啡豆放入发酵桶或者发酵池内进行发酵，发酵时间一般为18～36 h，这取决于咖啡豆品质、发酵温度、发酵池内用水量，以及是否额外加菌或酶。在这一过程中，微生物和酶会分解黏液，使黏液脱离羊皮纸。

（4）冲洗清洁。用清水冲洗发酵完成的咖啡豆，将分解后的黏液冲洗掉，留下干净的带羊皮纸的咖啡豆。

（5）干燥。最后一个阶段是干燥阶段，规模较小的农场经常在阳光下晒干咖啡豆，而规模较大的农场会使用机械干燥，也有两者兼用。咖啡豆在晾晒场或晾晒床上靠阳光自然干燥需要7～10天，如果用机械干燥机烘干仅需2～4天，后者可以更好地避免受到微生物的破坏。具体干燥方式会根据晾晒场地空间、天气、燃料能源成本、咖啡豆品质和晾晒数量等因素综合确定。

在肯尼亚，还有一种名为"双重发酵"的处理工艺。咖啡豆要在水里浸泡第二次，这样会消耗更多的水，但咖啡豆也会更干净。

2. 感官特征

水洗处理咖啡豆的特点就是"更干净"，无论是咖啡生豆本身，还是咖啡喝上去的口感都会给人一种干净、清爽的感觉。水洗处理咖啡豆的香气和风味偏向于花卉和酸质明显的水果，如茉莉花、玫瑰花、柑橘、杨桃等，略带焦糖、香草和巧克力的风味，香气清新淡雅，有明显的酸度，口感柔滑精致，醇度适中，如茶体一般，有较好的整体平衡度。

3. 水洗处理法的优点

（1）对天气依赖性小，即使下雨天也能采用水洗处理，用烘干设备干燥；处理周期短，咖啡果去除果肉和黏液后，更易干燥，从咖啡果采摘收获到干燥完成不超过一周。

（2）占用空间小，处理时间短，处理效率高。

（3）能更好地剔除杂质和筛选分类，确保口味更稳定一致，口感更干净。

（4）咖啡酸度更高，酸质更明亮、活泼，让人愉悦。

（5）水洗处理法能够突出单一产地咖啡豆的真实特征，这是其他处理工艺所无法比拟的，这也是有如此多的精品咖啡品种选择水洗处理的原因。日晒处理和蜜处理在发酵和干燥过程中会吸收咖啡果和黏液的风味和甜感，形成一种与水洗截然不同的水果香气和风味。但在水洗过程中，所有的果肉和黏液都已经被清洗去除，因此它是一种专注于咖啡豆本身的方法，让顾客品尝到咖啡种子内在纯粹的味道，而不是处理过程中外部给的味道。水洗处理的咖啡豆依赖于咖啡豆在生长周期中吸收的天然糖分和营养物质，这意味着咖啡品种和原产地环境条件对咖啡豆的味道起着至关重要的作用，而咖啡种植者则是管控咖啡豆品质不可或缺的一环，包括品种选择、种植土壤、遮光处理、采摘时的成熟度等。

4. 水洗处理法的不足

（1）对水资源依赖度高，仅适合水资源丰富的地区使用，且需要大量用水，易造成水资源浪费。

（2）比日晒处理需要更多的设备设施资金投入。

（3）当咖啡果中的糖与发酵池中的环境自然地相互作用时，会产生少量的乙酸，从而提高咖啡豆的酸度。然而，如果在发酵过程中没有很好地控制pH值，酸就会扩散，导致含醋酸咖啡豆的产生。

（4）水洗处理后的废水因含有大量的糖类物质，直接排放或处理不当会造成环境污染，这促使咖啡种植者、咖啡行业协会、设备制造商都在寻找方法，在不增加环境成本的情况下实现水洗处理的效果。随着新设备的出现、人们对环境保护和可持续发展意识的增强，如今的水洗处理工艺已经有了很大的改进。

三、半日晒处理法

这是一种在巴西率先使用的处理方法，最初被称为"去皮樱桃"。因为半日晒处理法是将咖啡果去除果皮之后，连同果肉、黏液一起晒干的，几乎所有的果肉仍然留在咖啡豆上一起干燥。半日晒处理的咖啡豆保留了日晒处理咖啡豆的甜度和醇厚度，同时保留水洗处理咖啡豆的干净和酸度，整体更加均衡，但这也意味着它缺乏令人惊艳的特色。这种处理方法目前仍主要在巴西使用，因为覆盖了黏液的咖啡豆需要快速干燥，以避免发酵。

1. 半日晒处理的过程

它本质上是介于日晒处理法和水洗处理法之间的中间地带，主要是为了加快干燥过程，以更好地规避咖啡豆品质面临的下降风险，因为更传统的日晒处理法需要更长的时间才能完成。半日晒处理法的步骤是：采摘新鲜的咖啡果后，首先像水洗处理咖啡一样，去除杂质，筛选咖啡果，用机械在 24 h 内去掉果实的外皮；接着与水洗处理过程不同，而是采用类似于日晒处理法的方式，在脱皮后直接开始干燥过程，而不是通过发酵从羊皮纸上除去黏液。当果肉、黏液与羊皮纸接触变干时，咖啡豆的颜色会变成琥珀色，产生一种蜂蜜般的外观。

一般来说，半日晒处理法与蜜处理法的不同之处在于剥离果皮后去除的果肉和黏液的量，以及干燥过程的处理方式和干燥时间。半日晒处理法通常是完整保留果肉黏液，然后放在阳光充足、温暖的环境中直接快速晒干，期间需要不断翻搅，以加快干燥速度，缩短干燥时间，一般控制在 1～2 周。蜜处理法则会通过控制果肉黏液的量、光照强度、光照时间、温度、湿度、晾晒厚度、翻搅次数来调整发酵程度和干燥时间。

2. 感官特征

半日晒处理咖啡豆有水果、坚果、柠檬、巧克力、太妃糖或焦糖等多种风味，水果味较明显，口感醇厚，酸度中等偏低。

3. 半日晒处理法的优点

（1）通过去除咖啡果中的瑕疵豆，提升咖啡杯测品质，减少出现缺陷的可能性。

（2）与日晒处理相比，缩短了处理周期，降低了咖啡豆变质的风险，对作业人员的要求也会相对降低；与水洗处理相比，更节约用水量，降低咖啡豆的酸度，提升咖啡豆的醇厚度。

（3）半日晒处理法需要的空间和时间更少，这为咖啡生产者削减了成本。

4. 半日晒处理法的不足

半日晒处理法的不足在于处理后的咖啡豆香气和风味表现不突出，而且还必须投资用于水洗处理脱果皮、干燥、储存和处理废水的设备。

四、蜜处理法

"蜜处理"名称的由来并非是因为在加工处理过程中使用了蜂蜜，也不是因为用处理后的咖啡豆制作的咖啡喝上去有蜂蜜的味道，而是因为咖啡豆从鲜果里剥离出来后，表面覆盖着的一层黏液，当它在干燥时，会继续从空气中吸收水分，变得黏稠，甜度、色泽、黏稠感与蜂蜜类似，故得名"蜜处理"。但经蜜处理后的咖啡豆确实更甜。

蜜处理最初是在哥斯达黎加流行起来的。十多年前蜜处理的咖啡豆还很少见，如今已经和水洗处理、日晒处理一样常见。蜜处理法是世界上最流行的三种咖啡生豆处理工艺之一，几乎每家精品咖啡馆菜单上都至少有1款特色的蜜处理咖啡豆供咖啡爱好者们选择。

蜜处理法也是介于水洗处理法和日晒处理法之间的一种处理工艺，它是将咖啡鲜果先用水洗剔除杂质、未成熟豆后，经过机器去皮，保留黏液一起干燥的处理方式。它比水洗处理法的用水量更少，咖啡豆的风味比日晒处理的更干净。

1. 蜜处理的过程

蜜处理过程相对耗时，而且必须非常小心。具体加工过程如下：

（1）筛选咖啡果。咖啡种植者们从树上将成熟的咖啡果采摘下来后，需要先精心筛选一次，去除成熟过度发霉的黑果和还未成熟的绿果、树枝、树叶等杂质。通常都是用清水冲洗，品质更高的会人工再筛选一次。

（2）脱去果皮。将筛选后的咖啡果放入机器脱皮，再用清水冲洗，留住一层黏液。这层黏液含有大量的糖和酸,是蜜处理的关键,黏液保留的多少会影响蜜处理的程度。

(3)干燥。将脱皮后的咖啡豆放在混凝土晾晒板或者凸起的晾晒床上进行干燥,这是整个蜜处理过程最复杂和敏感的阶段,需要通过调整遮光、通风等适当改变阳光的照射强度、环境的温度及湿度,从而控制干燥时间。期间还要不断地翻搅咖啡豆,控制咖啡豆含水量,避免发酵发霉。如果干燥阶段处理不好,咖啡豆容易出现酸臭味。

干燥时间必须把握好。干燥过快,风味未能及时从黏液转化进咖啡豆;过慢则容易导致咖啡豆内部发酵,甚至发霉。刚晾晒的咖啡豆需要每小时耙或翻搅多次,直到达到理想的含水量,通常需要 6~10 h。之后咖啡豆需要每天搅拌一次,需要 6~8 天。在干燥过程中,每天晚上咖啡豆都会从空气中吸收水分,第二天则需要更多的干燥时间。一旦咖啡豆干燥到理想的水分含量(10%~12%),就可以像其他处理方法一样进行脱壳、打磨和烘焙了。

2. 感官特征

蜜处理加工提升了咖啡豆的水果风味和甜度,平衡了酸度,味道没有日晒处理咖啡豆那么浓烈,口感更干净清爽。蜜处理咖啡豆风味差异的关键在于黏液的糖分含量和酸度,在干燥过程中黏液会变得越来越浓,然后开始被咖啡豆吸收。

3. 蜜处理的分类

咖啡生产商和贸易商会根据处理过程中咖啡豆表面保留黏液的多少、颜色状态,将咖啡豆分为白蜜、黄蜜、金蜜(也称橙蜜)、红蜜和黑蜜,并将这些描述印制在包装袋上。黄蜜、红蜜、黑蜜最为常见,白蜜和金蜜较为少见。这些专业术语在不同农场之间的含义会有些许不同,但这些标签很有用,有利于采购商、烘焙师、咖啡师及消费者了解加工过程和判断风味。

白蜜和黄蜜在机器水洗的时候保留了更少的黏液,在更温暖、湿度较小的环境下用更充足的阳光晾晒,适当延长光照时间,加快干燥速度,缩短干燥时间,通常在一周内完成。相较于黄蜜而言,白蜜的黏液含量更少一点(白蜜黏液保留 20%~30%,黄蜜保留 40%~60%),晾晒时铺得更薄,翻搅次数更多,干燥用时相对更短一些。白蜜和黄蜜的风味更加清爽、干净,香气类似柑橘、红苹果。

金蜜和红蜜保留的黏液含量更多（约80%），金蜜的光照时间会比红蜜更长，干燥时间相对更短一些，而红蜜则会在相对更阴凉的环境中晾干，晴天时则采用遮光的方式，减少光照强度和时间，湿度更大，翻搅次数会比金蜜少一些，适当延长干燥时间到12~14天，得到的颜色偏红褐色。金蜜和红蜜醇度和甜度较黄蜜更高，香气和风味类似蜜饯、葡萄干、红酒、枫糖。

黑蜜则是接近完整保留黏液，在更阴凉的环境中干燥，减缓干燥速度，增加咖啡豆周围的湿度，耗用最长的干燥时间，让黏液中的糖和酸更好地渗透到咖啡豆中去，黏液最终以近乎黑色的状态吸附在羊皮纸上。黑蜜处理过程最为复杂，要求更高，难度更大，耗费最多的人工，价格也最昂贵。

4. 蜜处理法的问题

（1）蜜处理加工过程会受到很多不确定因素的影响，如阳光强度、温度、湿度等自然环境条件的变化，因此想直接控制处理过程以获得预期处理颜色的是非常困难的。在整个60~90天的收获季节，咖啡种植者们会在院子里或者晾晒床上进行目视检查并收集样本。很多蜜处理咖啡豆都是先处理，观察实际处理的结果，再进行种类区分，而不是先预设处理颜色，再按照这一目标执行。

（2）对于咖啡生产商而言，选择什么类型的处理工艺是一个商业决策。虽然用黑蜜处理工艺能生产出质量更好的咖啡，并获得更高的价格，但是所需要付出的努力、风险和成本因素会大大增加。因此咖啡并不总是需要生产最高品质的风味，很多时候咖啡生产商要考虑的是如何实现经济利益最大化。

（3）蜜处理对于烘焙师和咖啡师而言也是一种挑战。品质稳定对于拼配咖啡非常重要。因为蜜处理咖啡的风味在不同的产季，甚至不同的批次，都存在若干的不确定性，如何在蜜处理咖啡风味发生变化时，准确找出替代品，填补缺失的风味，创造新的拼配咖啡，保持最终风味不变，对烘焙师而言是极大的挑战。而对于咖啡师而言，虽然只是要求他尽可能展现不同蜜处理方式的咖啡风味特征，呈现给消费者一杯令人难忘的感官体验，但却需要非常丰富的冲泡经验和扎实的理论知识基础。

选择什么类型的咖啡豆处理工艺首先取决于其当地传统习惯，比如哥伦比亚、卢旺达和大多数中美洲地区都习惯用水洗处理，巴西则倾向于半日晒和日晒处理，印度尼西亚则更多采用湿泡处理。

其次是取决于其商业价值，大多数咖啡生产商都想要生产利润最高的咖啡，但风味最佳的咖啡受到环境的限制。在决定是采用水洗处理、蜜处理还是日晒处理之前，咖啡生产商通常会等着看降雨量。如果下了很多雨，就很难产生好的日晒处理咖啡豆，因为咖啡果会开始分裂。如果不下雨，则是日晒和蜜处理法的最佳处理条件，因为糖分不会被冲走。

如今，为了满足更多样化的市场需求，出现了一些令人惊艳的新的处理工艺，让更多的咖啡从业者和消费者开始关注咖啡的处理过程和它带来的风味变化。

执行

任务 / 识别咖啡生豆的处理工艺

Step1 观察咖啡生豆的外观特征

先用生豆盘取 300 g 左右的咖啡生豆，在光线充足的环境下观察生豆表面的颜色和状态。观察内容有：生豆表面主要体现为偏绿色、黄色还是略带褐色；表面是否有明显白色、黑色或褐色的斑；生豆中心线银皮颜色是偏白色、黄色还是黑色。

Step2 闻咖啡生豆的气味

将咖啡生豆放在鼻前 3～5 cm 的位置，轻轻闻一下生豆的气息，主要表现为青草气、蜂蜜味、焦糖味、蜜饯葡萄干味、红酒味等。

Step3 判断咖啡生豆的处理工艺

表面颜色偏绿，表面粘着白色银皮，中心线偏白，闻着带有草青味的为水洗处理咖啡豆。

表面偏黄色，表面粘着少量黄色银皮，中心线偏黑色，带有泥土气息或者蜜饯葡萄干、红酒香的为日晒处理咖啡豆。

表面偏黑色或者红褐色，表面粘着大量黑色或褐色银皮，中心线偏黄色，带有水果、蜂蜜、蜜饯葡萄干、红酒香的多为蜜处理咖啡豆。

表面干净，中心线偏黄，生豆气味单一的多为半日晒处理咖啡豆。

项目 4　咖啡瑕疵豆识别

✻ 知识准备

一、咖啡瑕疵豆的类别

因咖啡豆的品种、种植生长环境及处理工艺等不同，咖啡豆外观会有许多差异。正常的咖啡豆外观完整，颜色有深绿色、浅绿色、黄绿色和黄色。但是经常会发现一些咖啡豆的表面颜色呈现黑色、红褐色，外观有破裂、发霉、虫蛀的现象，还有一些树枝、小石子等异物混入咖啡豆中，这些咖啡豆或异物会导致咖啡出现泥土味、皮革味、不好的发酵味、尖酸刺激感，所以称为咖啡瑕疵豆。咖啡瑕疵豆主要是由在咖啡果采摘时混入了未成熟或者成熟过度的发霉的咖啡果，以及在加工处理过程中咖啡果未处理干净、发酵过度、受真菌感染等原因造成的。

SCA 将不同类型的咖啡瑕疵豆进行了定义，并根据其对咖啡风味的影响程度将其分为两类：一类瑕疵（category 1 defects）和二类瑕疵（category 2 defects）。

1. 一类瑕疵

一类瑕疵是指对咖啡风味影响较大的瑕疵豆，属于严重缺陷，在 SCA 一级精品咖啡豆里是不允许出现的。属于一类瑕疵的有以下几种。

（1）全黑豆（full black）。外观表现为咖啡豆体完全发黑，且不透明。其形成原因主要是采摘成熟过度的发霉咖啡豆，或者发酵过度。

（2）全酸豆（full sour）。表面呈现棕黄色或红褐色。其形成原因主要是环境湿度过高，导致在树上的咖啡果发酵过度，或者受到微生物产生的化学物质污染，以及处理过程受到水污染的影响。

（3）霉变豆（fungus damage）。由点状的棕黄色向全豆体表面棕黄色渐变。其形成原因主要是在种植和处理过程中，外部环境温度和湿度满足真菌生长条件，真菌感染咖啡豆并且迅速滋生扩散感染其他咖啡豆。霉变的咖啡豆可能还有存在赭曲霉毒素的风险。

（4）异物（foreign matter）。异物是指不是咖啡豆的物质，如木头、小石子、水泥块、铁钉、碎玻璃等。其主要是在咖啡果采摘、加工和咖啡豆存储、运输过程中混入。异物的存在不仅会使咖啡产生异味，还容易损坏机器设备。

（5）干果/豆荚（dried cherry/pod）。咖啡豆外表面完整包裹着果壳或羊皮纸。其形成原因主要是脱皮机长时间使用后未得到及时维护保养，导致部分体型小的咖啡果未能完成脱皮过程，以及筛选不充分导致这部分咖啡果未被挑选出。

（6）严重虫蛀豆（severe insect damage）。有 3 个及 3 个以上虫蛀洞的咖啡豆为严重虫蛀豆。其形成原因主要是咖啡果还在树上的时候就受到甲壳虫的袭击，甲壳虫进入咖啡果内繁殖并在咖啡豆表面打洞。

2. 二类瑕疵

二类瑕疵是指对咖啡风味影响较小的瑕疵豆，属于轻微缺陷，在精品咖啡豆里允许少量出现。属于二类瑕疵的有以下几种。

（1）半黑豆（partial black）。外观表现为咖啡豆体局部发黑，且不透明。其形成原因与全黑豆类似，只是表现稍好一点。

（2）半酸豆（partial sour）。表面局部呈现棕黄色或红褐色。其形成原因与全酸豆类似。

（3）破损、割伤豆（broken/chipped/cut）。其形成原因主要是咖啡豆在加工处理过程中受到脱皮机过度碾压造成破损割伤，可能是脱皮机调试不准确或者长期未维护保养，导致缝隙不均匀。水洗处理过程中产生的破损或割伤豆会因细菌侵蚀导致咖啡豆发酵过度或者受到真菌感染，出现颜色发黄及变黑的情况；日晒处理的咖啡豆遇过度碾压则会直接破碎，很少有颜色变化。

（4）未熟豆（immature/unripe）。豆体苍白，豆形娇小，表面有一层银皮裹着，有明显的棱角线条。其形成原因主要是采摘过程中将未成熟的咖啡果一起采摘。

（5）枯萎豆（withered）。咖啡豆体型较小，表面有褶皱或者畸形。其形成原因主要是咖啡果在生长发育过程中干旱缺水导致。枯萎豆的数量由缺水程度和干旱时间决定。

（6）贝壳豆（shell）。一个咖啡豆长成两瓣，一瓣包裹着另一瓣，处理后可能只找到其中一瓣，外面的咖啡豆像贝壳，里面的咖啡豆呈现圆锥或者圆柱状。其形成原因主要是咖啡豆发生基因变异。

（7）浮豆（floater）。放在水中能够漂浮的咖啡豆，表面呈灰白色或苍白色。其形成原因主要是咖啡生豆存储不当或严重脱水，如在干燥过程和日晒过程中水分挥发过度，特别是带羊皮纸的咖啡豆。

（8）带壳豆（parchment/pergamino）。咖啡豆被羊皮纸完全或局部包裹。其形成原因主要是咖啡豆去壳机未及时清洁保养及使用前未矫正或矫正不到位。

（9）果皮/豆壳（hull/husk）。不是咖啡豆，是咖啡豆干燥的外果皮和果肉。其形成原因主要是日晒处理过程中咖啡果脱壳处理不仔细，脱去的果皮果肉混入咖啡豆中未及时清理。

（10）轻微虫蛀豆（slight insect damage）。单个咖啡豆有3个以下虫蛀洞的为轻微虫蛀豆，其形成原因与严重虫蛀豆一样，只是虫蛀洞数量较少。

二、咖啡瑕疵豆对咖啡风味的影响

1. 咖啡中常见的瑕疵味

咖啡中的常见的瑕疵味有泥土味、霉味、碘味、药味、尖酸味、酸涩味、腥味、青草味、稻草味、皮革味等。

2. 咖啡瑕疵豆的常见感官特征

不同类型的瑕疵豆表现的瑕疵味会略有不同，如全黑豆和半黑豆有霉味和恶臭味，有类似酚类物质的尖酸感。全酸豆和半酸豆会表现为过度发酵的尖酸味。霉变豆、干果、果皮和豆壳容易产生泥土味、发酵过度的酚类味道和腥味。虫蛀豆、破损和割伤豆容易导致咖啡口味杂乱、口感不干净，且有霉变的味道。未熟豆和枯萎豆会表现出酸涩味、青草味和稻草味。贝壳豆会容易烘焙过度，出现焦苦味。

任务 / 识别咖啡瑕疵豆

Step1 将样品咖啡豆平铺

称取300 g咖啡生豆样品，将咖啡生豆平铺在台面上。通常会将平铺的咖啡生豆划分成若干个小区域。

Step2 挑出样品中的瑕疵豆

仔细观察每个小区域咖啡生豆的外观，挑选出有破裂的，有洞孔的，颜色发黑、泛白或者呈红褐色的，异物如树枝、树叶、石子等。

Step3 判断瑕疵豆的类型

根据 SCA 瑕疵豆手册本对瑕疵豆特征的描述，找出与已挑选的生豆外观大致类似的描述进行仔细比对，判断其是否符合该瑕疵类型。

项目 5　咖啡生豆分级

✱ 知识准备

关于咖啡生豆的分级目前全球没有完全统一的方法，各个咖啡豆生产国都有自己的一套分级标准，但是把这些分级标准整理后不难发现，分级的参考因素还是有很多共性的，主要依据咖啡生豆的大小、种植海拔高度、瑕疵豆比例以及杯测品质来分级。

一、依据咖啡生豆大小分级

虽然任何大小的咖啡豆都可以很美味，但咖啡豆的大小与其品质还是有普遍的相关性——通常大的咖啡豆品质更高，因为它们的成熟期更长，风味更丰富，而且卖相更好。按照咖啡生豆大小分级是一种非常直观、简单的方法，做法是将加工打磨后的咖啡生豆放入生豆筛网进行筛选，按照咖啡生豆的大小即可进行分级。筛网是由金属薄片制成，上面有均匀的洞孔，洞孔的大小单位是目，1 目洞孔的直径等于 1/64 in（约 0.4 mm，1 in ≈ 25.4 mm），几号筛网就表示有几个 1/64 in，比如 18 号筛网大小就是 18/64 in，大约为 7.14 mm。筛网的数号一般在 8～20 之间，数字越大表示咖啡生豆的颗粒越大。咖啡生豆的大小是通过在筛网之间的传递确定的，直到它不再经过下一个更小的筛网。例如一批咖啡生豆可以通过一个 18 号的筛网，而不能通过 16 号的筛网，那么它就被分级为 18 目。这种分级方法无法做到完美，一般允许有一些偏差，如 SCA 允许 5% 的误差。

传统上，偶数筛网用于阿拉比卡种咖啡豆的分级，奇数筛网用于罗布斯塔种咖啡豆的分级。因此，通过 18 目筛网、分级结果为 18 目的阿拉比卡种咖啡豆在技术上也可能是 17/18 目，因为用于阿拉比卡种咖啡豆分级的第二筛网通常是 16 号。

采用生豆大小分级方法的国家主要有肯尼亚、坦桑尼亚，另外哥伦比亚、牙买加的咖啡生豆分级也会参考生豆大小。但世界各地用于表示咖啡生豆大小的术语各不相同，通常用当地的术语来表示，缺乏标准化，所以某种咖啡生豆在一个地区被描述为"17/18 目"，在另一个地区可能会被描述为"AA"。不同地区咖啡生豆大小分级对比见表 2-1。

表 2-1 不同地区咖啡生豆大小分级对比

目数	直径(in)	行业分类	非洲和印度分级	哥伦比亚分级
20	20/64	巨型豆（Very Large）	象豆（elephants）	
18	18/64	大型豆（Large）	AA	特选级（Supremo）
16	16/64	大型豆（Large）	AB	高选级（Excelso Extra）
14	14/64	中型豆（Medium）	C	
12	12/64	小型豆（Small）		
10	10/64	微型豆（Shells）		
8	8/64	微型豆（Shells）		

咖啡圆豆有一套自己的筛网大小标准，一般使用 8 ~ 12 号的筛网进行分级，用 PB 表述。

二、依据种植海拔高度分级

生长在高海拔地区的咖啡生豆比生长在低海拔地区的咖啡生豆成熟更慢、硬度和体积更大、口味更丰富、酸味更明亮、口感干净，而且品质更稳定一致。因此高海拔的咖啡生豆比低海拔地区的咖啡生豆更受欢迎，售价也更高。

目前采用此分级标准的咖啡豆生产国主要集中在中南美洲，有墨西哥、危地马拉、洪都拉斯、萨尔瓦多、尼加拉瓜、哥斯达黎加、秘鲁等。这些国家都坐落在崇山峻岭，产区内的农场所处的海拔高度不同，咖啡生豆的品质就会有所差异。因为高山地区的气候寒冷，咖啡生长速度缓慢，生豆的密度高、质地坚硬，所以也有人以"硬度"来代表海拔高度分级。

以哥斯达黎加为例，最高级的咖啡生豆称为超极硬豆（strictly hard bean，SHB）或超高海拔豆（strictly high grown，SHG），海拔高度一般为 1 200 m 以上；其次是极硬豆（good hard bean，GHB），海拔高度为 1 000 ~ 1 200 m；低于 1 000 m 的为硬豆（hard bean，HB）。

虽然都是用海拔高度划分等级，但不同国家的表示方法不同。SHB 和 SHG 虽然都代表着最高等级，但不同国家对海拔高度要求也会不同。在哥斯达黎加、洪都拉斯和萨尔瓦多，产自海拔超过 1 200 m 地区的咖啡豆即为 SHB/SHG，而危地马拉则要求在海拔 1 400 m 以上才行。

三、依据瑕疵豆比例分级

瑕疵豆的出现会破坏咖啡的感官风味，所以在生豆处理过程中，会用机器或人工将瑕疵豆剔除。有些国家将瑕疵豆的比例作为咖啡分级的参考标准，但基本上都会配合筛网大小。目前以瑕疵豆比例分级的国家主要有埃塞俄比亚、巴西、牙买加、美国等。

SCA 有一套咖啡豆标准化的分级方法，依据咖啡生豆大小、瑕疵豆数量与整体杯测品质综合划分。瑕疵豆会根据其严重程度进行全瑕疵点数折算，折算方式见表 2-2。例如：1 个全黑豆算 1 点全瑕疵，3 个半黑豆算 1 点全瑕疵。

表 2-2　SCA 咖啡豆全瑕疵点数折算方式

一类瑕疵	相对于全瑕疵的数量
全黑豆	1
全酸豆	1
霉变豆	1
异物	1
干果 / 豆荚	1
严重虫蛀豆	5
二类瑕疵	相对于全瑕疵的数量
半黑豆	3
半酸豆	3
破损、割伤豆	5
未熟豆	5
枯萎豆	5
贝壳豆	5
浮豆	5
带壳豆	5
果皮 / 豆壳	5
轻微虫蛀豆	10

SCA 分级前先将咖啡豆通过筛网进行分类,然后将每个筛网上剩余的咖啡生豆称重,记录占总数的百分比,之后再进行烘焙和杯测,评估其特性,最后进行分级。分级标准见表2-3。

表2-3 SCA 咖啡生豆分级标准

等级	名称	定义与描述
一级（Grade 1）	特级咖啡豆（speciality grade coffee beans）	咖啡豆的最高等级。每300 g 咖啡生豆中没有一类瑕疵且全瑕疵点数为0~3个。杯测时,这些咖啡生豆需要在味道、酸度、口感或香气方面具有独特的属性,并且不受瑕疵的影响。生豆含水量在9%~13%,烘焙后不能有"未成熟或未充分烘焙的咖啡豆（quakers）"
二级（Grade 2）	优质咖啡豆（premium grade coffee beans）	第二高的等级,也是人们最常喝的等级。咖啡生豆豆形与一级一样,但是每300 g 咖啡生豆中最多允许3个quakers 和8个全瑕疵点数
三级（Grade 3）	交易级咖啡豆（exchange grade coffee beans）	这些咖啡生豆有50%在15目以上,50%在15目以下,每300 g 咖啡生豆中最多5个quakers,没有一类瑕疵,全瑕疵点数允许在9~23点
四级（Grade 4）	标准级咖啡豆（standard grade coffee beans）	每300 g 咖啡生豆有24~86个全瑕疵点数。这个等级已经算是危险等级了
五级（Grade 5）	淘汰级咖啡豆（off grade coffee beans）	每300 g 咖啡生豆有超过86个全瑕疵点数

四、其他咖啡生豆分级方法

1. 埃塞俄比亚咖啡生豆分级方法

埃塞俄比亚咖啡生豆共分5+1个等级（见表2-4）,数字越小等级越高,主要是以每 300 g 咖啡生豆所允许的全瑕疵点数为基准。埃塞俄比亚在 20 世纪 70 年代引入水洗处理方法，被视为是比较高级的处理方法，可以得到更干净、品质整齐的咖啡生豆，所以一般水洗咖啡生豆都排在 Grade1 ~ 3，日晒咖啡生豆则排在 Grade3 ~ 5。当然随着市场对日晒咖啡的要求越来越高，日晒咖啡生豆的品质也有很大的提升，现在排在 Grade 1 也成为常态了。

表 2-4　埃塞俄比亚咖啡生豆分级标准

全瑕疵点数	等级
0 ~ 3	Grade1
4 ~ 12	Grade2
13 ~ 25	Grade3
26 ~ 45	Grade4
46 ~ 90	Grade5
91 ~	UG（排不进分级）

2. 巴西咖啡生豆分级方法

巴西是世界上最大的咖啡豆生产国，由于产量大、产区多，分级的工作有些难度，不适合采用统一的分级标准，所以巴西同时采用多种分级方法，瑕疵豆比例、筛网、杯测都运用在分级过程中。级别命名方式为"国家 + 产区 / 港口 + 等级 + 杯测评价"。巴西咖啡生豆最高等级为 NY.1，要求 0 瑕疵点。巴西销售得最好的咖啡生豆等级为 NY.2，要求生豆大小为 17/18 目，瑕疵点少于 6 点。巴西咖啡的杯测评价分为：Fine Cup、Fine、Good Cup、Fair Cup、Poor Cup、Bad Cup。

3. 哥伦比亚咖啡生豆分级方法

哥伦比亚咖啡生豆也是按照大小分级的，但是定义和命名与肯尼亚和坦桑尼亚不同，具体分级标准见表 2-5。

表 2-5　哥伦比亚咖啡生豆分级标准

等级	定义
Supremo	生豆大小基本在 17 目以上，允许 5% 生豆小于 17 目，但必须在 14 目以上
Excelso Extra	生豆大小基本在 16 目以上，允许 5% 生豆小于 16 目，但必须在 14 目以上
Excelso EP	EP 是 European Preparation（欧洲定制）的缩写。生豆大小基本在 15 目以上，允许 10% 生豆小于 15 目，但必须在 14 目以上
Excelso UGQ	UGQ 全称是 Usual Good Quality（通常高品质）。生豆大小基本在 14 目以上，有 50% 以上大于 15 目，允许 1.5% 生豆处于 12 ~ 14 目之间，但必须在 12 目以上

4. 牙买加咖啡生豆分级方法

牙买加咖啡生豆是综合产区、海拔、大小、瑕疵率情况来分级的。分级标准见表 2-6。

表 2-6　牙买加咖啡生豆分级标准

名称	等级	种植区域	大小	瑕疵率
蓝山咖啡（Blue Mountain Coffee）	No.1	种植在牙买加政府规定的产区，海拔高度在 910 ~ 1 700 m	17 目以上	低于 2%
	No.2		16 目以上	低于 3%
	No.3		15 目以上	低于 3%
	PB（圆豆）		14 目以上	低于 3%
牙买加高山咖啡（Jamaica High Mountain Supreme Coffee Beans）	No.1	种植在蓝山海拔 460 ~ 910 m 地区	17 目以上	低于 3%
	No.2		16 目以上	低于 3%
	No.3		15 目以上	低于 3%
牙买加咖啡（Jamaica Prime Coffee Beans）	Prime	种植在蓝山海拔 460 m 以下地区及其他地区	15 ~ 17 目	低于 3%

5. 夏威夷科纳咖啡生豆分级方法

夏威夷科纳咖啡生豆主要分为Type1与Type2，Type1是扁平豆，Type2是圆豆。在两级别之下，再根据大小和全瑕疵点数细分成若干子级别。

由于每个国家分级标准不一样，有些国家即使分级制度和名称类似，但实际定义也不太相同，因此咖啡的品质等级很难跨国比较。分级的目的是在交易的时候有个参考，分级并不是体现咖啡风味的唯一标准或最关键因素。

执行

任务 / 按照瑕疵豆比例判断咖啡生豆的等级

Step1 将样品中所有的瑕疵豆挑选出来

称取300 g咖啡生豆样品，将咖啡生豆平铺在台面上。通常会将平铺的咖啡生豆划分成若干个小区域。仔细观察每个小区域咖啡生豆的外观，挑选出有破裂的，有洞孔的，颜色发黑的、泛白的或者红褐色的，不属于咖啡生豆的部分如树枝、树叶、石子等。

Step2 判断瑕疵豆的类型

按照本章项目4的方法，判断瑕疵豆的类型。

Step3 将瑕疵豆进行分类

将同类型的瑕疵豆归类，如将轻微虫蛀豆放在一起，将破损、割伤豆放在一起，同时区分一类瑕疵和二类瑕疵。

Step4 计算样品的全瑕疵点数或瑕疵率

参照全瑕疵点数折算方式，核算全瑕疵点数，或者将瑕疵豆质量除以300 g得出瑕疵率。

Step5 判断咖啡生豆的等级

参照 SCA 咖啡生豆分级标准或者该咖啡豆生产国的生豆分级标准，判断其等级，一般全瑕疵点数越少的等级越高。

项目 6　其他咖啡原料介绍与选用

＊ 知识准备

一、脱因咖啡

1. 脱因咖啡概述

咖啡因有好的一面，如可以提神醒脑，但是过量摄入会导致心率升高、焦虑、抑郁和夜间睡眠困难。为了减少咖啡因对敏感人群和心脏疾病患者的影响，需要通过加工技术，使咖啡豆、可可、茶叶及其他含有咖啡因物质中的咖啡因含量降低至原来的 1% ~ 3%。脱咖啡因的咖啡就是通过加工技术将咖啡因去除的咖啡，简称脱因咖啡，也叫低因咖啡。脱去咖啡因后，咖啡的香气和风味会变得更温和，苦味会降低。这种咖啡对平时不喝咖啡或者不耐咖啡因者是非常理想的选择。不同的国家对脱因咖啡中的咖啡因含量要求有所差异，根据美国的标准，脱因咖啡中咖啡因含量至少要降低 97%，而在欧盟和加拿大，咖啡因含量至少要降低 99.9%。

2. 咖啡豆脱咖啡因的常用方法

咖啡豆中的咖啡因并不会因为烘焙而损失多少，但是可以通过改变冲煮方式来调整咖啡因的萃取量。当然，脱因过程不仅仅是改变冲煮方式这么简单，脱因是直接在咖啡生豆状态下完成的，主要方法有三种。

（1）有机溶剂去除法。先将咖啡生豆蒸熟，然后用有机溶剂（如乙酸乙酯）漂洗。这种溶剂能提取咖啡因而不影响其他成分。将这个过程重复8～12次，直到咖啡因含量达到要求的标准。有机溶剂去除法可以处理大量的咖啡生豆，成本较低，但是一直被疑虑是否会有有机溶剂残留而对人体健康产生潜在风险。

（2）瑞士水洗去除法。瑞士水洗去除法使用咖啡生豆提取液来去除咖啡因。提取液是一种含有咖啡生豆除咖啡因外的水溶性成分的溶液。去除过程依赖于谷胱甘肽可溶性成分的稳定性以及谷胱甘肽（低咖啡因）和生豆（富含咖啡因）之间的梯度压差。这种梯度压差会导致咖啡因分子从咖啡生豆迁移到提取液中。由于提取液中生豆的其他水溶性成分处于饱和状态，因此只有咖啡因分子可以迁移到提取液中，而其他水溶性的成分将被保留在生豆中。一旦提取液中的咖啡因含量增加至一定程度，就会用碳吸收剂将咖啡因分子从提取液中吸出，其他生豆成分仍会完好无损地保留在提取液中，当提取液再次缺乏咖啡因时，就可以继续用它来去除生豆的咖啡因。这是个间歇性连续的过程，需要8～10 h才能达到脱咖啡因的目标，处理技术虽然较成熟，但处理周期较长，处理效率不如有机溶剂去除法。

（3）超临界二氧化碳去除法。先将咖啡生豆蒸熟，然后加入高压容器中。用性质介于气体和液体之间的超临界二氧化碳流体渗透咖啡豆，咖啡因会溶解于二氧化碳流体中，而构成咖啡香气和风味的化合物大部分不溶于二氧化碳，会保留在咖啡豆中。这种方法能够快速且有效地去除咖啡豆中的咖啡因，而且可以避免有机溶剂残留带来的健康影响，但是对设备设施要求较高，投入成本大。

二、牛奶与豆奶

1. 牛奶

牛奶也称为牛乳。它天然存在脂肪成分，这部分脂肪也被称为乳脂，是奶油、黄油的主要成分。根据乳脂含量，牛奶分为不同的类型，如全脂牛奶、半低脂（半脱脂）牛奶及全脱脂牛奶。这里所说的牛奶均为纯牛奶，目前市面上还有很多添加了营养素的牛奶，如高钙牛奶等。

（1）全脂牛奶。全脂牛奶是指脂肪含量在 3.2%～4.0% 的牛奶，它是制作咖啡常用的牛奶。脂肪的存在可以更好地保留脂溶性挥发类芳香物质以及维生素 A、D、E、K 等营养素，从而提升牛奶的奶香味、丝滑度和醇厚度，并且使牛奶打发后的奶泡更细腻均匀、持久稳定，这对制作卡布奇诺咖啡、澳白咖啡以及咖啡拉花是非常有利的。

（2）脱脂牛奶。脱脂牛奶是指通过科学技术将全脂牛奶中的乳脂提取后的牛奶，根据脂肪的剩余含量可以分为脂肪含量约 1.5% 的半脱脂牛奶，脂肪含量低于 0.5% 的全脱脂牛奶。脱脂牛奶由于脂肪含量降低，热量和胆固醇也低，会弱化饱腹感，非常适合血脂含量高以及心血管疾病患者食用，也深受一些减肥者喜爱（虽然不一定能帮助减肥）。去除脂肪的同时也会失去那些脂溶性的芳香物质和营养素，会导致营养价值降低，没有奶香味，口感会变得如水一样寡淡。脱脂牛奶制作的奶泡较为粗糙且不稳定，容易消散，不适合制作对奶泡质量要求高的产品。牛奶中被提取的脂肪通常用于制作奶油、乳酪和黄油。

2. 豆奶

豆奶是指将黄豆（大豆）或黑豆研磨成的浆汁，经过滤，提取形态良好的呈现乳白色至淡黄色的乳状液体制品，其富含植物蛋白质、微量维生素和矿物质，是素食者的优质蛋白质来源。豆奶奶香浓郁，口感醇厚，丝滑圆润。豆奶的植物蛋白也可以打发奶泡，用于制作咖啡。由于豆奶中不含乳糖，适合乳糖不耐者食用。

3. 奶类的选用

随着咖啡行业的发展，咖啡馆竞争压力越来越大。为了提升门店营业额和品牌形象，吸引更多的消费者，咖啡馆增添了许多个性化的服务，如提供多样化的乳制品选择。乳制品的种类也从原先的全脂牛奶、脱脂牛奶拓展到豆奶、燕麦奶、坚果奶、椰奶等植物奶。影响乳制品选择的因素有很多，如营养价值、感官表现、价格、采购和存储便利性，以及消费者情感需求等。

全脂牛奶与咖啡的配合拥有诸多优势。牛奶不仅能与咖啡完美融合，还提供浓郁的奶香味、丝滑细腻的质感和圆润香甜的口感。制作的奶泡细腻、稳定，非常适合拉花，顾客接受度广，采购方便，价格实惠，性价比非常高，是咖啡馆最常使用的乳制品。

全脂牛奶根据杀菌方式不同，可以分为鲜牛奶和常温奶。从感官上而言，鲜牛奶制作的咖啡奶香气更清新自然，更能凸显咖啡原本的风味，而常温奶则容易出现奶味过重或有奶腥味，会掩盖咖啡的味道。从营养价值而言，鲜牛奶和常温奶的差异不大，因为摄取牛奶主要是吸收蛋白质、钙以及脂溶性维生素等营养素，这些营养素含量并不会因为牛奶的杀菌方式而出现大的变化。

咖啡馆选择鲜牛奶还是常温奶，需要结合自身实际运营目标来确定。如果牛奶使用量大，且有足够的冷藏存储空间，对乳制品有更高的要求，鲜牛奶配送方便，能接受更高的乳品成本，建议可以选择鲜牛奶。如果牛奶使用量较少，使用周期较长，冷藏空间不足，鲜牛奶配送不便，希望控制咖啡成本，可以选用常温奶。

就同类型的全脂牛奶而言，其脂肪和蛋白质含量，以及与咖啡馆选用咖啡豆的融合性、匹配度都会成为店家在选择时要考虑的因素。因为脂肪的含量会影响奶泡的稳定性和口感；蛋白质的含量会影响发泡率；与咖啡豆搭配得好能凸显咖啡的风味，提升整体的口感，搭配不好会出现口感分离，掩盖不住咖啡的苦涩味，或者奶味过强，完全掩盖了咖啡的风味。

另外，对于有特殊需求的客户群，则需要有脱脂牛奶或者牛奶的替代品。

对血脂含量高者、心血管疾病患者或者有减肥需求者，建议咖啡馆提供脱脂牛奶或者植物奶。乳糖不耐、牛奶过敏者或者素食者，建议咖啡馆提供植物奶。众多植物奶中以燕麦奶最受欢迎。与牛奶相比，燕麦奶的热量较低，而碳水化合物含量多一倍；和其他植物奶相比，燕麦奶发泡率高、热稳定性较好、人工添加剂少。感官上，燕麦奶与豆奶和坚果奶相比，具有天然的麦香，香气和味道更清淡，口感质地更浓厚，自带天然甜味。另外燕麦奶不含坚果、牛奶、麸质等过敏原，适用范围更广。

三、奶油

奶油也叫鲜奶油，可以分为动物性鲜奶油和植物性鲜奶油，一般简称为动物奶油和植物奶油。奶油在餐饮行业应用非常广泛，是制作蛋糕裱花、蛋挞、夹心面包、浓汤、奶盖、奶油雪顶等的主要原料。

1. 分类

（1）动物奶油。动物奶油也称为乳脂奶油或者稀奶油，是鲜牛奶经过离心分离出来的高乳脂产品（脂肪分离后剩下的就是脱脂牛奶）。动物奶油的脂肪含量通常在10%～80%，根据其脂肪含量可以分为轻奶油和重奶油。轻奶油也被称为淡奶油，脂肪含量一般小于36%，如餐饮领域常用的动物奶油脂肪含量在28%～36%。重奶油也称为高脂奶油，脂肪含量大于36%。因为动物奶油是天然鲜奶油，有着天然的浓郁乳香，还含有一些脂溶性的维生素（如维生素A、D等），更为健康。淡奶油一般不含糖，使用时会根据需要加5%～10%的糖打发成半固体状装饰奶油，或是做甜品时直接加液态的奶油增加奶香和稠度。

（2）植物奶油。植物奶油又叫人造奶油或植脂奶油，常作为淡奶油的替代品。植物奶油多是植物油（以棕榈油为主）经氢化后，再加入人工香料、稳定剂、防腐剂等添加剂而制成的。在加工过程中会产生反式脂肪酸，摄入过多对人体有很大的危害。随着加工技术的进步,植物奶油中反式脂肪酸的含量正逐渐减低。

动物奶油与植物奶油的比较见表 2-7。

表 2-7　动物奶油与植物奶油的比较

项目	动物奶油	植物奶油
主要原料成分	鲜牛奶	氢化棕榈油或大豆油、奶粉、人工香精等
售价/成本	30~50元/L	20~30元/L
储存条件	常温或者冷藏储存,冷藏后直接使用	冷冻储存,使用前解冻
保质期	6~9个月	1年
打发率	1.5~2倍	3~4倍
打发难易程度	对技术要求高,容易打发过度(毛糙)或不足(容易坍塌)	对技术要求低,操作简单方便,易打发
色泽	乳白色或略带淡黄色,光泽度略低,会有少许粗糙	纯白色,打发后表面光亮,细腻
塑形效果	无法塑造特殊形状和复杂图案,支撑性较差	可以做出复杂的造型,容易染色,定型效果好
持久度	在室温下极易融化,需要冷藏保存,但冷藏时间超过24 h后容易干瘪,稳定性较差	在室温下能保持较长时间不融化,稳定性好
感官特征	自身不含糖,可根据需要适当添加。口感较为细腻,奶香自然,润滑,入口即化	含糖量高,口味较甜腻,口感厚实,容易腻
对健康的影响	从鲜奶中提取,含28%~36%天然脂肪,容易吸收,易代谢,含有脂溶性维生素,无损健康	含有反式脂肪酸,添加甜味剂和香料,长期食用易引发肥胖、高血压、心血管疾病

2. 选用

选用奶油时应考虑使用场景、成本、奶油的稳定性、健康和口感。现在咖啡馆一般都选择动物奶油，这是基于健康角度考虑，因为顾客对选用植物奶油制作咖啡饮品还是比较介意的，主要是疑虑其所含的反式脂肪酸对身体健康的影响。

不同品牌的动物奶油会有些许差异，考虑到奶油在咖啡饮品中的应用场景多为制作咖啡雪顶或者风味奶盖，在选择奶油时建议考虑以下几点。

（1）奶油打发率要高，特别是使用奶油枪打发奶油雪顶的，使用相同的奶油量可以打更多杯量，从而降低单杯成本。

（2）残留在奶油枪里的奶油要少，以减少损耗。

（3）奶香味要更自然，口感丝滑厚实。

（4）如果打发奶油雪顶，塑形效果和稳定性要好，不能短时间就出现坍塌、粗糙的情况；如果打发奶盖，放在咖啡饮品顶端不能很容易就如雪花般下落。

（5）与饮品搅拌后要易融合，在视觉上和味觉上都需要有很好的融合性。

（6）如果冷藏空间不够，在日使用量不大的情况下，可以选择可常温储存的动物奶油。

（7）如果没有打发奶油的工具，也可以选择罐装的已打发奶油，使用简单方便，但是成本较高，适合奶油使用量极少的咖啡馆或居家使用。

相关链接

乳制品的储藏

乳制品因蛋白质含量高，储藏方式不当会很容易变质。

1. 未开封乳制品的储藏

未开封的乳制品通常根据其外包装储藏条件储藏即可，如超高温灭菌牛乳可以常温储藏，保质期通常在6~12个月，而巴氏灭菌的鲜牛奶则必须冷藏，保质期在7~14天。即使是可以常温存放的牛奶或者鲜奶油，在使用前都建议放入冷藏冰箱冷藏至少4h，以提升奶泡或奶油打发质量。

2. 已开封乳制品的储藏

开封后的乳制品均需冷藏储藏，牛奶建议开封后 24 h 内使用完，淡奶油建议开封后 48 h 内使用完。开封后的乳制品在营业结束前用不完，建议贴上写有开封时间、开封人、有效时间等信息的贴纸，避免交班后同事弄不清楚，用了已过期的或者不敢用而开一盒新的。有些乳制品包装盒是带盖子的，使用后应顺手将其拧紧；而有些乳制品则需要撕开小口或用剪刀剪开，用完后尽量让开口紧闭，减少与空气的接触，避免串味、异物及微生物落入或者不小心碰倒侧翻。开封后的乳制品一般放在冰箱最外侧明显且容易取用的位置，先开先用。

目前除了少量植物奶油可以冷冻之外，牛奶和动物奶油均不能冷冻，会出现蛋白、乳脂和水分离，这种分离是不可逆的。

在使用乳制品之前需要先查看其生产日期和保质期，还要判断其实际品质。因为储藏条件不当，未开封的乳制品在有效期内也可能发生变质的情况，一般表现为包装胀气，盒子鼓起。而开封后的乳制品变质主要表现为蛋白质、乳脂与水分离，漂浮在上层类似豆腐渣，奶油有些还会结块凝固，同时散发出腐败变质的恶臭味。出现以上情况的乳制品均不能使用，必须报废处理。

执行

任务 / 牛奶的选用

Step1 询问顾客对牛奶是否有特殊需求

先询问顾客对牛奶是否有特殊要求，并提示可选乳品种类，如："我们有全脂牛奶和脱脂牛奶，请问您需要选用什么牛奶？"

当然如果咖啡馆有牛奶替代品，如燕麦奶、豆奶或者坚果奶，也可以供顾客选择。

Step2 选择符合顾客需求的牛奶

按照顾客的要求选择牛奶，对于特殊要求应该有相应的标示，避免出品时搞混。

Step3 检查牛奶的温度，完成牛奶选用

选用牛奶时需要用手初步感受其温度，特别是放入冰箱冷藏的牛奶，尽量选用已冷藏至 4~7 ℃的牛奶。

CHAPTER

3

咖啡拉花制作

项目 1　咖啡拉花制作基础

✱ 知识准备

一、咖啡拉花概述

1988 年在美国西雅图的一间咖啡馆,一名叫大卫·休莫的咖啡师在一次制作外带咖啡时,无意间将加热好的牛奶奶泡与浓缩咖啡混合后,在咖啡上形成了精美的图案,诞生了咖啡拉花,从此咖啡拉花迅速风靡世界。

咖啡拉花可以理解为在牛奶咖啡上"作画"。由于奶泡、牛奶和浓缩咖啡三者有着不同的密度,咖啡师通过摆动和注入的手法使奶泡在咖啡表面形成不同的纹路,产生各种图案,如图 3-1 所示。

图 3-1　拿铁咖啡爱心拉花

注入的形式分为多种。一种是自由注入(free pour),如图 3-2 所示,即只用奶缸拉花,不借助其他挑花工具,这是拉花的最高展示技巧;另一种是雕花（etching skills）；还有使用模具配合可可粉、巧克力酱等辅助食材完成作品。

图 3-2　兔子拉花

咖啡拉花的水准取决于奶泡的品质，奶泡和咖啡颜色的对比度，图形的创意、难度、完成度和位置均衡度等，其中颜色的对比度和图形的创意是咖啡拉花的表现核心。在一些咖啡拉花比赛中，参赛选手需要在规定时间内，使用指定的咖啡机、研磨设备、咖啡杯等，利用自由注入或者雕花的技巧创造出一杯或一组相同的拉花图案，或者是在指定时间内使用多种技巧创作出最佳的个人作品。有些赛事也会将选手的操作卫生与选手专业度考核结果计入成绩。

二、奶泡打发质量标准

一杯拿铁咖啡中 2/3 以上的物质都是由牛奶和奶泡组成，绵密的奶泡不仅影响咖啡的口感，同样也决定了拉花的视觉呈现效果。奶泡打发质量标准如下。

1. 优质的奶泡应在视觉上没有明显的大气泡，带有光泽度。

2. 优质的奶泡是顺滑、细腻的，不会造成堆积感，而质量较差的奶泡会粘在奶缸上，且有堆积感，如图 3-3 至图 3-5 所示。

图 3-3 优质的奶泡（图左）和质量较差的奶泡（图右）比较一

图 3-4 优质的奶泡（图左）和质量较差的奶泡（图右）比较二

图 3-5 优质的奶泡（图左）和质量较差的奶泡（图右）比较三

三、融合

咖啡师将牛奶打发至带有奶泡的状态，并将其与浓缩咖啡结合的技术称为融合（见图3-6）。通过融合，可以使咖啡对比度清晰，口感浓郁，将咖啡液面处理得非常干净，为拉花做好充分的准备工作，有利于突出拉花主体部分，使得线条对比更为明显。

图3-6 使用打发好的奶泡进行融合

融合需要进行反复练习。练习前期可能会出现不流畅、断流导致咖啡液面出现气泡或模糊的情况，应坚持练习，直至奶泡和咖啡融合到干净的液面出现。如图3-7所示，左边是没融合好的咖啡，右边是融合较好的咖啡。

图3-7 使用相同质量的奶泡与咖啡进行融合后的咖啡

咖啡师通过拉近奶缸与咖啡液面的距离（流距）来控制拉花的时机。当流距拉近，液体微微泛白时，就可以开始拉花了，如图3-8至图3-10所示。

图 3-8 将流距逐渐拉近

图 3-9 液面微微泛白

图 3-10 开始拉花

如果拉开流距，则可以将呈现的白色与咖啡重新融合到一起，如图 3-11 所示。

图 3-11 拉开流距，使已经呈现的白色消失

四、拉花器具

为了制作出更漂亮好喝的咖啡，咖啡师还需要对拉花器具有深入了解。

1. 奶缸（见图3-12）

图3-12　不同品牌的奶缸

（1）把手。奶缸把手的大小和造型会影响拉花操作的舒适感，咖啡师可以根据自身手的大小和能承受的重量做选择。

（2）材质。市场上主流的奶缸材质为不锈钢，也有树脂、铜、塑料等小众材质，以及不同颜色的烤漆。不锈钢材质的奶缸拥有较好的导热性能，有助于在发泡过程中清楚感知温度。一般使用到的食品级不锈钢等级为304、314。

（3）容积。一般奶缸的容积有350 mL、600 mL、720 mL、1 000 mL、2 500 mL等，600 mL、1 000 mL是常用款，可以满足大多数咖啡馆的使用需求。咖啡师可以根据咖啡杯的大小来选择奶缸，比如制作一杯250～300 mL的咖啡，常用到的是350 mL和600 mL规格的奶缸，而更大容积的奶缸可以一次性出品更多杯咖啡。

（4）缸嘴。奶缸缸嘴一般为鹰嘴设计，这有助于更好地释放奶泡。缸嘴可以进一步细分为不同大小以及深浅程度，这可以帮助咖啡师在拉花时更好地控流和释放奶泡。建议初学者固定使用一些奶缸练习，这有助于拉花手法成型。

（5）握法。正如每个人写字都有自己习惯的握笔方式一样，奶缸握法也没有绝对正确的方式。下面介绍三种奶缸握法，可以根据自己的喜好做选择，以适应不同的使用环境。

1）拇指在上，其他四个手指在下，手腕发力晃动，如图3-13所示。

图 3-13 奶缸握法一

2）拇指和另外 4 个手指分别在奶缸把手的两侧，类似握笔，通常使用小臂晃动带动手腕和奶缸整体，如图 3-14 所示。

图 3-14 奶缸握法二

3）直接握住缸身，保持整体平衡，如图 3-15 所示。

图 3-15 奶缸握法三

2. 咖啡杯（见图3-16）

（1）咖啡杯的选择。咖啡馆使用的堂食咖啡杯形形色色、琳琅满目，讲究和店内的色彩风格搭配，但在咖啡拉花的世界里，咖啡师通常更关注咖啡杯的材质、保温性、杯口容积大小。不同的咖啡杯决定了拉花的难易程度和视觉呈现效果。

图3-16　不同品牌的拉花咖啡杯

通常150～180 mL的杯子更适合制作卡布奇诺咖啡，而220～300 mL的杯子更适合制作拿铁咖啡、美式咖啡或其他饮品，更大的杯口可以让拉花图案变得更饱满。

在制作拿铁咖啡拉花时，考虑到从开始拉花的那一刻起，牛奶的温度和咖啡的温度就一直在变化，这是咖啡香气和美味的关键，所以质地厚一些的陶瓷杯是不错的选择。

除了制作咖啡方面的考虑，顾客饮用的体验感也是选择咖啡杯时需要考虑的重要因素。例如，杯壁的厚度除了对保温性能有影响外，很大程度上还会对咖啡饮用时的触感体验产生影响，而咖啡杯把手的设计则在一定程度上可以帮助咖啡师和顾客更好地制作、饮用和体验咖啡。

（2）握杯方式。随着咖啡师拉花技术的提升，越来越多的图形需要配合不同的握杯方式来应对，同时握杯方式在很大程度上还决定了拉花图案是否对称。下面介绍几种常见的握杯方式。

1）托杯式。将咖啡杯保持水平自然放置在手掌中间,使用手指固定位置,保持平衡,如图3-17所示。此方式适合咖啡拉花初学者制作较简单的图案。

图3-17 托杯式

2）持杯式。利用手指的力量抓住杯子,利用拇指卡住杯耳的前端,使用其他四个手指托住杯子,固定位置,保持平衡,如图3-18所示。此方式适合拉花熟练者,通过手指转动便捷地完成转杯动作,以便进行更复杂组合图案的拉花制作。

图3-18 持杯式

3）抓杯耳。将咖啡杯保持水平自然放置在桌子上,使用食指和拇指抓住杯耳,固定位置,保持平衡,如图3-19所示。此方式适合力气比较小的初学者,有助于找到咖啡的中心点,修正拉花摆位的手法,为练习拉花打好基础。

图 3-19　抓杯耳

3. 挑花针（见图 3-20）

图 3-20　挑花针

挑花针在咖啡拉花中也有着不可替代的重要作用。在许多拉花制作中，细腻的线条和局部的细节需要依靠挑花针来完成。

专业的挑花针一般都有两端，一边是针，一边是类似小勺子的设计，可以盛放奶泡用。

挑花针的长度决定了沾奶泡的多少。在挑花时，沾更多的奶泡意味着可以一笔画出更长的线条。相比反复沾奶泡去画线，一笔完成的效果更加自然。

适量的奶泡才适合挑花针取用，过少的奶泡会无法沾到挑花针。如图 3-21 所示，左侧奶泡过少，右侧奶泡厚度适中。

图 3-21 奶泡量的比较

4. 勺子

勺子垂直可以让奶泡自然滑落形成自然的圆形。不同造型的勺子决定了盛放奶泡的多少和形成圆形的大小,如图 3-22 所示。

图 3-22 不同造型勺子的奶泡成形

5. 色素

鲜艳的颜色解决了咖啡拉花"非黑即白"的即视感,增加了更多鲜明的主题和颜色,使画面更为饱满,富有创意。通常,预调食品级色素需要混合奶泡备用（见图 3-23 至图 3-26）。在极少数的拿铁饮品（不含咖啡）中，色素需要使用加热过的牛奶或者热水进行调和，而非奶泡。

图 3-23　色素预备

图 3-24　加入奶泡

图 3-25　搅拌调和

图 3-26　混合了奶泡后的色素

执行

任务 / 奶泡打发

一杯拿铁咖啡中，牛奶和奶泡的占比在 2/3 以上，所以打出绵密细腻的奶泡是每一个咖啡师在初期练习咖啡拉花时的首要目标。建议使用冷藏的牛奶、固定的牛奶量去练习，随着设备操作的熟练，逐渐会打出有质量的奶泡。

Step1 倒入冷藏牛奶

将 220 ~ 250 mL 冷藏牛奶倒入奶缸中（牛奶温度通常在 4 ~ 6 ℃），视觉上约占奶缸容积的一半，如图 3-27 所示。

图 3-27　倒入冷藏牛奶

Step2 放出多余的蒸汽

利用蒸汽专用抹布挡住蒸汽棒，放出前段多余的蒸汽，确保蒸汽干燥度，如图 3-28 所示。

图 3-28　放出多余的蒸汽

Step3 开始发泡

将蒸汽棒前端 1 cm 埋入牛奶中开始发泡，如图 3-29 所示。打开蒸汽时会听到类似"滋滋"的进气声，属于有效发泡（若发泡有问题，声音会比较刺耳，而且牛奶会被过度加热，导致后期奶泡粗糙、奶温过高）。发泡阶段通常会有些细小的气泡浮在表面，这是正常的。

图3-29　开始发泡

Step4 持续旋转

发泡停止后，保持牛奶在奶缸中旋转，如图3-30所示。这个阶段奶泡表面还会有细小的气泡，持续旋转加热，奶泡会逐渐变得更细腻。

图3-30　持续旋转

Step5 关掉蒸汽

在温度到达设定温度前需提前关掉蒸汽。因为通常关掉蒸汽后，蒸汽棒的尾段气体依然会继续加热牛奶，假设希望打发的温度控制在60 ℃，可能在55 ℃就需要关掉蒸汽，不同品牌咖啡机需要具体测试这个提前量。对55 ℃来说，如果将掌心去贴近奶缸，会感觉到微微有点烫手，但2～3 s内还是可以扶住奶缸表面的。掌握温度感知需要进行大量练习，前期可以借助温度计，如图3-31

所示。

图 3-31 利用温度计测量温度

Step6 清理

发泡结束，利用蒸汽专用抹布清理蒸汽棒（见图 3-32）并喷出多余的牛奶（见图 3-33），确保蒸汽棒表面和内部没有奶渍残留（见图 3-34）。

图 3-32 清理蒸汽棒　　　　　　图 3-33 喷出多余的牛奶

 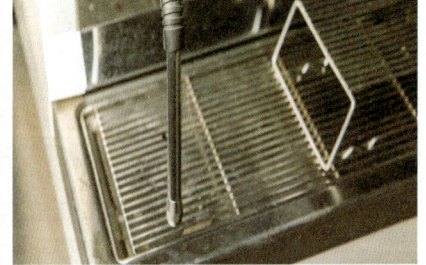

图 3-34 清洁前后的蒸汽棒对比（左为清洁前的蒸汽棒）

项目 2　拿铁咖啡拉花

* 知识准备

在咖啡上拉花的话，咖啡原有的味道、香气会因为结合了蒸煮过的牛奶而产生新的变化。意式浓缩咖啡味道中的酸、甜、苦结合了牛奶的香甜，就如同食物一样，根据食谱或者制作者的不同，而产生完全不同的味道。

一、奶制品对拉花咖啡风味的影响

在一杯拿铁咖啡中，牛奶及奶泡的添加比例很大程度上决定了咖啡的浓郁程度。即便是相同的咖啡豆，也会因为不同的融合方式以及咖啡师的操作水平，在最终的味道呈现上有所差异，就好像做菜一样，每一步细小的变化都会对咖啡风味产生很大的影响。

在不同地区，咖啡师会根据顾客的需求选择将牛奶更换成脱脂奶、低脂奶、植物奶（豆奶或燕麦奶）来制作拿铁咖啡。大多数植物奶都可以进行发泡，因为动物奶、植物奶中的蛋白质成分都可以满足奶泡打发的需求，但植物奶中的脂肪含量偏少，会导致发好的奶泡迅速消泡和分层，而用植物奶制作的拿铁咖啡拉花颜色对比度通常也比牛奶制作的显得稍差一些，如图3-35和图3-36所示。

图 3-35　使用燕麦奶制作的拿铁咖啡拉花　图 3-36　使用脱脂奶制作的拿铁咖啡拉花

二、拉花手法

拿铁咖啡拉花的基础手法包括摆动、点圆、画线、收线，逐渐又衍生出很多后期的变化技巧。每种手法都有一些基本的图案作为练习参考，咖啡师必须掌握基础手法，这助于今后学习更复杂的组合图案。拉花的一些具体要求如下。

1. 在拉花前就要思考好制作的图案。

2. 晃动的过程中，前期较多的奶泡较后期更容易释放，更容易成型，图案主体中较难的部分或比较灵动的线条应先制作。

3. 奶泡使用要快，因为奶泡随着时间的推移会逐渐分层，导致后期线条易变得模糊。

4. 奶缸的奶泡量在拉花制作完成后至少要剩余 2 oz（60 mL）左右，低于这个量的奶泡不容易释放。

5. 拉花时要尽可能贴近液体表面，杯子始终保持倾斜，倾斜角度应配合作图的位置。

6. 完成的咖啡拉花的杯量在 9.5 ~ 10 分满为最佳。

任务1 / 天鹅拉花

天鹅是咖啡拉花入门阶段练习的主要图案。通过摆动和收线的手法制作天鹅的羽毛（主体），通过画线的手法制作脖子，在点圆的同时收线形成天鹅头部。天鹅拉花整体制作不借助其他勾画方式，属于典型的自由注入，如图 3-37 所示。

图 3-37　拿铁咖啡天鹅拉花

Step1　制作羽毛

首先制作天鹅的羽毛，逐步向后摆动形成纹路，如图 3-38 所示。

图 3-38　制作羽毛

Step2 完成翅膀

天鹅主体的翅膀部分通过收线完成轮廓，如图 3-39 所示。

图 3-39　完成翅膀

Step3 制作颈部

天鹅的颈部通过画线手法制作，如图 3-40 所示。

图 3-40　制作颈部

Step4 制作头部

天鹅的头部通过点圆和收线的两种手法制作，如图 3-41 所示。

图 3-41　制作头部

完成效果如图 3-42 所示。

图 3-42　天鹅拉花完成效果

任务 2 / 爱心拉花

爱心拉花是一种"之"字线条练习，需要多次摆动形成纹路。

Step1 初步融合

融合至杯量的 4 分满，保持流距，如图 3-43 所示。

图 3-43　初步融合

Step2 挤压纹路

奶缸靠近液面，从杯子的中心不断左右摆动挤压出纹路，如图 3-44 所示。

图 3-44 挤压纹路

Step3 收尾

保持摆动,拉开流距,将奶缸向前收尾,贯穿爱心整体至杯量 9.5 分满结束,如图 3-45 所示。

图 3-45 收尾

完成效果如图 3-46 所示。

图 3-46 爱心拉花完成效果

任务3 / 树叶拉花

树叶拉花需要利用线条"之"字摆动并倒退形成纹路的手法。

Step1 初步融合

融合至杯量4分满，保持流距，如图3-47所示。

图3-47 初步融合

Step2 摆动拉花

出现白色，从液面的中心点偏前的位置，奶缸贴近液面慢慢倒退并持续摆动，如图3-48所示。

图3-48 摆动拉花

Step3 持续倒退摆动

奶缸贴近液面持续倒退摆动，杯量8分满后摆动幅度逐渐变小，如图3-49所示。

图 3-49　持续倒退摆动

Step4 收尾

持续晃动至杯量 9 分满时拉开流距，将奶缸向前收尾贯穿整体纹路，制作出叶子的叶脉部分，如图 3-50 所示。

图 3-50　收尾

完成效果如图 3-51 所示。

图 3-51　树叶拉花完成效果

任务4 / 郁金香拉花

郁金香拉花需要做多次点圆的叠加处理。

Step1 初步融合

融合至5分满，如图3-52所示。

图3-52 初步融合

Step2 释放"圆"

贴近液面的中心点，释放出一个白色"圆"。抬起奶缸，再次贴近液面，释放下一个"圆"并向前推，如图3-53所示。

图3-53 释放"圆"

Step3 重复释放"圆"

重复释放"圆"的动作3～5次至杯量9分满，如图3-54所示。

图 3-54 重复释放 "圆"

Step4 收尾

拉开流距,将奶缸向前收线贯穿整体至杯量 9.5 分满,如图 3-55 所示。

图 3-55 收尾

完成效果如图 3-56 所示。

图 3-56 郁金香拉花完成效果

任务5 / 玫瑰拉花

玫瑰拉花需要进行画线并做多次点圆的叠加处理。

Step1 初步融合

先融合至6分满,保持流距和杯子的倾斜度,摆动融合至8分满,如图3-57所示。

图3-57 初步融合

> 特别提示:通常制作组合图案会比制作单一图形多融合1~2分,这是为了更好地将奶泡放到咖啡上成型。

Step2 画花托

保持释放奶泡,在液面的中间偏上位置,利用手臂移动画出类"S"形,完成玫瑰的花托,如图3-58所示。

图3-58 画花托

Step3 画花瓣

在花托的部位向前做点圆动作2～3次,完成玫瑰的花瓣部分,如图3-59所示。

图3-59 画花瓣

Step4 画叶子

在液面中心靠下的位置画出类"S"形,完成玫瑰的叶子,如图3-60所示。

图3-60 画叶子

Step5 收尾

完成"S"形叶子后回到中心点,拉开流距,向前收线贯穿整体至杯量9.5分满,如图3-61所示。

图3-61 收尾

完成效果如图 3-62 所示。

图 3-62　玫瑰拉花完成效果

任务 6 / 山水夕阳拉花

山水夕阳拉花使用画线和摆动的手法，并需要应用预调好的色素。

Step1 初步融合

先融合至 5 分满，保持流距和杯子的倾斜度，摆动融合至 7 分满，如图 3-63 所示。

图 3-63　初步融合

Step2 画第一个山峰

保持释放奶泡，在液面的中间偏右位置，利用制作树叶的手法后退摆动，向左斜上方收线，完成第一个山峰的制作，如图 3-64 所示。

图 3-64　画第一个山峰

Step3 画第二个山峰

重复 Step2，完成第二个山峰的制作。通过不同大小的山峰组合突出整体的层次，如图 3-65 所示。

图 3-65　画第二个山峰

Step4 画第三个山峰

重复 Step2，完成第三个山峰的制作，如图 3-66 所示。

图 3-66　画第三个山峰

Step5 完成山体

转杯，利用制作树叶的手法完成山体部分，如图 3-67 所示。

图 3-67　完成山体

Step6 画水

利用画线的手法表现水的部分，如图 3-68 所示。

图 3-68　画水

Step7 画夕阳

水的部分完成后，使用预调好的色素搭配勺子画出夕阳，如图 3-69 所示。

图 3-69　画夕阳

完成效果如图 3-70 所示。

图 3-70　山水夕阳拉花完成效果

项目 3　卡布奇诺咖啡拉花

✻ 知识准备

传统的卡布奇诺咖啡（见图 3-71）是使用 150 ~ 180 mL 的咖啡杯，用单份的浓缩咖啡配上等量的牛奶和奶泡，最后撒上少许的可可粉（见图 3-72）或者肉桂粉制成的。

CHAPTER 3　|咖啡拉花制作|

图 3-71　卡布奇诺咖啡

图 3-72　撒可可粉

随着拿铁咖啡拉花的推广，慢慢衍生出了卡布奇诺咖啡拉花。在保证厚厚奶泡的同时，漂亮的拉花图案与咖啡相得益彰，使咖啡的表现力更胜一筹。

执行

任务 / 压纹形郁金香拉花

Step1 初步融合

先将浓缩咖啡和可可粉进行预混合。保持流距，用打发的奶泡融合至杯量的 4 分满。保持摆动，融合至杯量的 5 分满，如图 3-73 所示。

图 3-73　初步融合

Step2 开始拉花

先贴近液面的中心点，利用制作爱心的手法，保持摆动并向前释放出更多的线条直至杯量 6 分满，如图 3-74 所示。

图 3-74　开始拉花

Step3 释放三个"圆"

抬起奶缸，先释放第一个"圆"；抬起奶缸，再释放第二个"圆"，并保持向前推；抬起奶缸，释放第三个"圆"并向前挤压，共三层，如图 3-75 所示。

图 3-75　释放三个"圆"

Step4 释放两个"圆"

抬起奶缸，再释放一个"圆"并保持向前推；抬起奶缸，释放第二个"圆"并保持向前推，共两层，如图 3-76 所示。

图 3-76　释放两个"圆"

Step5 画爱心

再释放一个"圆"，向前收，形成爱心，如图 3-77 所示。

图 3-77　画爱心

Step 6 收尾

拉开流距，将奶缸向前收尾贯穿整体至杯量 9.5 分满，如图 3-78 所示。

图 3-78　收尾

完成效果如图 3-79 所示。

图 3-79　压纹形郁金香拉花完成效果

咖啡拉花最重要的是实践练习。通过大量的练习，学习者会产生很多心得，掌握更多的手法。在拉花练习过程中，一定会有瓶颈期，比如当学会了爱心的时候，树叶就不会做了，等树叶做好的时候，爱心又忘记了，这都是正常的。拉花练习更多的是依赖肌肉型记忆，突破瓶颈便能更上一层楼。

CHAPTER

4

花式咖啡调制

项目 1　冰美式咖啡制作

* **知识准备**

一、冰美式咖啡的原料配方

冰美式咖啡是由意式浓缩咖啡、纯净水和冰块制作而成。

一杯 360 mL 的冰美式咖啡配方为：

标准双份意式浓缩咖啡　　60 mL
纯净水　　　　　　　　　120 mL
冰块　　　　　　　　　　180 g

冰美式咖啡的配方可以根据咖啡馆杯型大小、地域饮用文化和习惯的不同而进行适当调整，如杯型升级或者顾客喜欢更浓郁的咖啡味时，可以通过增加咖啡液量或者增加意式浓缩咖啡浓度的方式来增加冰美式咖啡浓度，避免出现咖啡过于单薄的情况。有些咖啡爱好者会要求咖啡师进行意式浓缩咖啡"溜冰"，然后加少量的纯净水制作冰美式咖啡，这是一种制作更浓郁的冰美式咖啡的方法。

二、冰美式咖啡的饮用方式及文化介绍

1. 冰美式咖啡的饮用方式

冰美式咖啡通常在饮用时可以根据个人喜欢加入牛奶，倒入的瞬间宛如牛奶在咖啡液中舞蹈（见图4-1）。如果喜欢甜咖啡可选择加入糖浆而不是白砂糖，因为白砂糖在冰咖啡中不易融化。

图4-1　冰美式咖啡中加入牛奶的瞬间

冰美式咖啡需要用搅拌棒或者吸管搅拌均匀后再饮用（见图4-2），以确保口感均衡。

图4-2　冰美式咖啡加牛奶后搅拌均匀

2. 冰美式咖啡的文化介绍

冰美式咖啡制作工艺简单，虽然口味层次不够丰富，但入口清凉爽口，纯正而不失醇香，回味十足。在炎炎夏日，冰美式咖啡搭配一款甜品，解渴又解腻。

执行

🍵 任务1 / 使用半自动压力式咖啡机制作冰美式咖啡

Step1 检查设备、器具和原料

（1）依次检查咖啡机、磨豆机、制冰机是否正常工作。

（2）准备制作冰美式咖啡的玻璃咖啡杯、吧勺，出品用的托盘、奶盅、糖盅、吸管和餐巾纸，检查器具的清洁卫生情况。

（3）准备咖啡豆、纯净水、冷藏牛奶（奶油球）、糖浆（糖浆包）。

Step2 冰杯

先在玻璃咖啡杯中加入满杯冰块（见图4-3），用握毛笔的姿势（见图4-4）将吧勺放在杯中，让吧勺背面始终贴着杯壁带动冰块在杯中一起旋转，直至杯外有一层雾气（见图4-5）。

图4-3 加入冰块　　图4-4 握吧勺的手势

图4-5 冰杯

冰杯也可以通过将玻璃咖啡杯放在冷藏冰箱内完成，但是玻璃杯属于抛货，占空间，咖啡馆不一定有这么多的冰箱空间存放。

Step3 制作意式浓缩咖啡

按照意式浓缩咖啡的制作标准流程制作 60 mL 咖啡液，通常会选用带嘴的不锈钢转接器，按预设定的量按键直接萃取意式浓缩咖啡（见图 4-6），因为带嘴的不锈钢转接器在倒杯时更方便操作，而且有些大的玻璃咖啡杯是不宜直接接取咖啡液的。

图 4-6　使用不锈钢转接器接取意式浓缩咖啡

也有咖啡馆选用两个玻璃量杯直接接取咖啡液（见图 4-7）。用玻璃量杯可以更精确地接取对应的咖啡量，但是在将咖啡液倒入玻璃咖啡杯时，容易将咖啡液漏滴在工作台面上。

图 4-7　使用玻璃量杯接取意式浓缩咖啡

Step4 在咖啡杯中加入意式浓缩咖啡

将制作好的意式浓缩咖啡倒入杯中（见图4-8），可以用吧勺进行搅拌，与冰杯的手势一致（见图4-9），这个动作过程就是有些咖啡师和咖啡爱好者所说的"溜冰"，让咖啡液以最快的速度冷却，使其口感更佳。

图4-8　倒入咖啡液　　图4-9　用浓缩咖啡溜冰

Step5 加入纯净水

在咖啡杯中加入纯净水（见图4-10），倒至咖啡杯8分满即可。如果顾客有特殊需求，可以适当调整。

图4-10　倒入纯净水

Step6 搅拌均匀

再用吧勺搅拌均匀（见图4-11），避免出现底部咖啡浓度高、上部咖啡浓度低的情况。

图 4-11　用吧勺搅拌均匀

Step7 完成制作

将完成的冰美式咖啡放在指定区域，准备摆盘出品。

相关链接

冰美式咖啡还有另外一些做法，如先在装满冰块的杯子里加入纯净水（见图4-12），再倒入咖啡液（见图4-13）。也有些咖啡馆会将装满冰水混合物的咖啡杯直接放在手柄下面接取咖啡液（见图4-14）。

图 4-12　在冰杯里加入纯净水

图 4-13　在冰水混合物里倒入咖啡液

图 4-14　直接用冰水混合物杯接取咖啡液

任务2 / 冰美式咖啡出品服务与感官特征评价

Step1 检查成品

（1）检查是否满足顾客去冰、少冰或多冰的要求。

（2）检查冰美式咖啡的温度，要求咖啡温度低于 4 ℃。

（3）检查杯量是否符合要求。冰美式咖啡不能装至满杯，要给顾客留有根据个人喜好添加牛奶或糖浆的空间。

Step2 摆盘

冰美式咖啡需要配奶盅、餐巾纸和吸管，一起放在托盘里（见图 4-15）。如果是外带的冰美式咖啡一般配糖浆包和奶油球。

图 4-15　冰美式咖啡摆盘

Step3 出品

出品时必须使用托盘。端咖啡给客人时，必须用左手端托盘，右手手指拿住玻璃咖啡杯下部出品，尽量避免用手掌心握杯，避免手心温度影响冰块融化速度。同时切忌手握杯口出品。

Step4 感官特征评价

冰美式咖啡没有冰意式浓缩咖啡的浓郁，也没有冰拿铁咖啡的丝滑香醇，但视觉透彻，口感干净、清爽，入口湿润，回甘清甜，是夏季清凉解渴最佳咖啡选择。

任务3 / 清洁工作区域

Step1 清洁咖啡机

（1）先将手柄粉碗中的咖啡粉饼扣到敲粉盒内，然后使用专用小毛刷清洁粉碗，再用冲煮头的热水冲洗粉碗直至粉碗内无咖啡粉渣，最后将手柄扣回在冲煮头上预热待用。

（2）用清洁抹布将接水盘和咖啡机外表面上的污渍擦拭干净。

Step2 清洁磨豆机

用专用大毛刷先清洁磨豆机上残留的咖啡粉，按照先冲煮手柄放置架、再机身外表面、最后盛粉盘的顺序清洁。

Step3 清理工作台面

（1）将使用过的器具放在水槽里清洗干净，用干净的口布擦拭干净放回原位。

（2）将使用后的原料放回原位，冷藏牛奶放回冷藏冰箱，摆放整齐。

（3）使用干净的抹布将工作台面擦拭干净。

Step4 抹布清洁与消毒

（1）将抹布清洗干净，折叠整齐，放在指定区域。

（2）定期消毒。建议每1～2h用消毒液消毒一次，消毒完后用清水清洗干净。

> 特别提示：每次制作完咖啡后要随手做好清洁工作，确保咖啡机、磨豆机和工作台面干净整洁。在接下来的项目2～项目7中，咖啡制作完后都需要清洁工作区域，书中不再重复。

项目 2　冰拿铁咖啡制作

* **知识准备**

一、冰拿铁咖啡的原料配方

冰拿铁咖啡是由意式浓缩咖啡、牛奶和冰块制作而成。

一杯 360 mL 的冰拿铁配方为：

标准双份意式浓缩咖啡	60 mL
全脂牛奶	120 mL
冰块	180 g

牛奶通常选择冷藏后的全脂牛奶，部分顾客可能会根据身体状况选择脱脂牛奶或者无乳糖牛奶。热拿铁咖啡表面会加一层薄薄的奶泡，而冰拿铁咖啡不会加，因为冷奶泡需要用牛奶冷打发才可以，耗时较长，不易操作。

二、冰拿铁咖啡的饮用方式及文化介绍

1. 冰拿铁咖啡的饮用方式

冰拿铁咖啡口感丝滑冰爽，喝前需要将咖啡牛奶搅拌均匀再饮用（见图4-16）；如果喜欢甜咖啡的，可以加适量的糖浆（见图4-17）。冰拿铁咖啡饮用时间不宜过长，否则冰块融化会影响咖啡口感。

图 4-16　冰拿铁咖啡搅拌均匀　　　　图 4-17　冰拿铁咖啡加糖浆

2. 冰拿铁咖啡的文化介绍

冰拿铁咖啡不仅在味觉上给人温和顺滑的享受，还丰富了视觉体验。在制作冰拿铁咖啡时，咖啡师可以利用液体的密度差异做出分层效果（见图 4-18），杯子底部是雪白色的牛奶，上部是咖啡。如果要使分层效果更明显，可在加牛奶的同时加入适量的糖浆，搅拌均匀，增加牛奶的密度，之后加咖啡时用吧勺作为缓冲或直接加到冰块上即可。冰拿铁咖啡还可通过加不同风味的糖浆制作成不同的咖啡，如焦糖冰拿铁咖啡、香草冰拿铁咖啡等。

图 4-18　冰拿铁咖啡分层效果

执行

🍵 任务1 / 使用半自动压力式咖啡机制作冰拿铁咖啡

Step1 检查设备、器具和原料

可参考冰美式咖啡制作的准备工作，再多准备一些冷藏牛奶。

Step2 冰杯

可参考冰美式咖啡制作的冰杯方法，但是在冰杯结束后会有一个滤冰水的动作：用吧勺抵住冰块，将杯中因冰杯而产生的冰水过滤干净（见图4-19）。因为冰美式咖啡制作时是要加纯净水的，所以不需要过滤冰水，但是冰拿铁咖啡制作时加的是牛奶，如果不过滤冰水会降低冰拿铁咖啡的醇厚度，而且会有水感，影响咖啡口感。

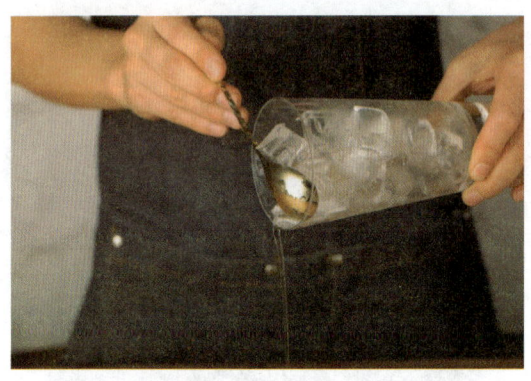

图4-19 冰杯滤水

Step3 制作意式浓缩咖啡

用不锈钢转接器接取60 mL意式浓缩咖啡（见图4-20）。

图 4-20　用不锈钢转接器接取意式浓缩咖啡

Step4 加入冷藏牛奶

将冷藏牛奶加入玻璃咖啡杯中，加至杯量 8 分满。

Step5 加入意式浓缩咖啡

将 60mL 意式浓缩咖啡沿着冰块倒进玻璃咖啡杯（见图 4-21），以呈现分层效果。

图 4-21　沿着冰块倒咖啡液

Step6 搅拌均匀

冰拿铁咖啡需要使用吧勺搅拌均匀再出品，如果需要给顾客呈现分层效果，需要提醒顾客先搅拌均匀再饮用。

Step7 完成制作

将完成的冰拿铁咖啡放在指定区域，准备摆盘出品。

任务2 / 冰拿铁咖啡出品服务与感官特征评价

Step1 检查成品

（1）检查冰拿铁咖啡的杯量是否到9分满，咖啡杯的外观是否干净整洁。

（2）检查冰拿铁咖啡的温度（见图4-22），要求咖啡液温度低于4 ℃。

图4-22　检查冰拿铁咖啡的温度

Step2 摆盘

冰拿铁咖啡需要配糖盅、餐巾纸和吸管，一起放在托盘里（见图4-23）。

图4-23　冰拿铁咖啡摆盘

Step3 出品

可参考冰美式咖啡的出品方式。

Step4 感官特征评价

冰拿铁咖啡香气平和，仅有淡淡的奶香和咖啡味，入口顺滑，口感柔和冰爽，奶味醇厚，丝毫没有咖啡的刺激感。

项目 3 摩卡咖啡制作

* 知识准备

一、摩卡咖啡的原料配方

摩卡咖啡是由意式浓缩咖啡、牛奶、巧克力酱和打发后的淡奶油制作而成。

一杯 360 mL 的摩卡咖啡配方为:

标准双份意式浓缩咖啡	60 mL
全脂牛奶	220 mL
巧克力酱	25 g
淡奶油	30 ~ 40 g

淡奶油通常选用口感更佳的动物性淡奶油,经过打发后可具有更好的塑形效果。奶油表面通常会淋巧克力酱或者撒可可粉装饰。

二、摩卡咖啡的饮用方式及文化介绍

1. 摩卡咖啡的饮用方式

饮用摩卡咖啡时通常会配一个咖啡勺,先用咖啡勺吃掉 1/3 奶油。奶油入口绵密,奶香浓郁。然后用咖啡勺将 1/3 的奶油与下部的咖啡牛奶搅拌在一起后品尝。如果此时口感丝滑圆润,奶油味适中,则最后 1/3 奶油建议不要再搅拌进咖啡;如果觉得奶油味不够,可将最后的 1/3 奶油搅拌进咖啡再饮用。有些顾客只喜欢喝巧克力味的咖啡,担心奶油吃多了容易发胖,可以在点摩卡咖

啡时选择"去奶油"的方式。摩卡咖啡的奶油应该尽快食用,否则奶油容易融化出现坍塌的情况,影响视觉效果。

2. 摩卡咖啡的文化介绍

摩卡咖啡中的"摩卡"是指巧克力,所以摩卡咖啡就是指巧克力味的咖啡,严格而言它属于拿铁咖啡的变种,比经典拿铁咖啡多了巧克力风味。巧克力则通常以糖酱的形式添加,也有少量咖啡馆用可可粉替代。摩卡咖啡顶部的白色的奶油犹如雪色山脉,再用巧克力淋酱点缀,提升了咖啡的整体视觉效果(见图4-24)。

摩卡咖啡有不同的衍生版本,比如用"白巧克力酱"代替"黑巧克力酱"制作而成的"白摩卡咖啡",也有在卡布奇诺咖啡里加巧克力酱制成"摩卡奇诺咖啡",用奶泡取代奶油,然后在奶泡表面勾出一幅漂亮的图案。

图4-24 摩卡咖啡

执行

任务1 / 使用半自动压力式咖啡机制作摩卡咖啡

Step1 检查设备、器具和原料

除了常规的半自动压力式咖啡机和意式咖啡磨豆机外,还需准备奶油枪、淡奶油、巧克力酱。为了增加咖啡的表现效果可以选择带杯耳的玻璃咖啡杯。

Step2 加入巧克力酱

在杯中加入巧克力酱 20 g。为让咖啡师操作更加简单方便,通常会选用定量压棒挤压巧克力酱。定量压棒有 7.5 g、10 g、15 g 和 30 g 的,根据压棒的量调整挤压次数。也可以用挤酱瓶和电子秤进行辅助。有些咖啡馆会将咖啡酱涂抹在杯壁,画出不同的图案,增加视觉效果(见图 4-25)。

图 4-25 在杯壁涂巧克力酱装饰

Step3 制作意式浓缩咖啡

用不锈钢转接器接取 60 mL 的意式浓缩咖啡。

Step4 加入意式浓缩咖啡

在杯中加入 60 mL 意式浓缩咖啡,直接倒在巧克力酱上(见图 4-26)。

图 4-26 在杯中加入意式浓缩咖啡

Step5 将巧克力酱搅拌均匀

用吧勺将巧克力酱与咖啡液搅拌均匀(见图 4-27),要求巧克力酱完全融化,避免因搅拌不均而导致巧克力味偏淡、口味不均衡。

Step6 加热牛奶

在干净的奶缸中加入冷藏牛奶,用蒸气管加热至 55～65 ℃。这里需要注意的是牛奶只需加热,不需要打发奶泡,因为奶泡会影响奶油塑形效果,在使用奶油枪挤压奶油时,容易将轻盈的奶泡挤压至杯外。

图 4-27 用吧勺搅拌巧克力酱

Step7 加入热牛奶

在杯中加入热牛奶至杯量8分满(见图4-28)。牛奶加入过多容易导致挤奶油时咖啡液溢出,牛奶加入过少则会导致杯量不满或使用过多的奶油。

Step8 加入淡奶油

用手握住奶油枪,让奶油枪的裱花头贴紧杯壁,均匀挤压奶油枪开关,沿着杯壁慢慢旋转并往上提拉,让奶油在咖啡液表面形成一个锥形的奶油顶(见图4-29)。为了让奶油顶更好看,旋转的速度与挤压奶油的速度要保持平衡,如果旋转的速度大于挤压的速度,奶油会出现断裂;如果旋转的速度小于挤压的速度,奶油会聚成一坨,浪费严重,而且需要将奶油枪的裱花头轻轻下压然后提起,才能保证奶油顶尖不拖尾。

Step9 淋巧克力酱,完成制作

用巧克力挤酱瓶在淡奶油上淋巧克力酱,可以选择沿奶油绕环形圈(见图4-30),也可以选择画"S"形。挤酱瓶的出酱口选择大小适中的,过小容易堵塞,过大会不利于控制流量。将完成的摩卡咖啡放在指定区域,准备摆盘出品。

图4-28 在杯中加入牛奶

图4-29 使用奶油枪在咖啡液表面加上奶油

图4-30 用挤酱瓶在奶油表面淋上巧克力酱

任务2 / 摩卡咖啡出品服务与感官特征评价

Step1 检查成品

（1）检查摩卡咖啡的奶油是否高出杯口，咖啡杯外观是否干净整洁，有无咖啡液、奶油或者巧克力酱溢出至杯外。

（2）检查奶油的形状，要求奶油塑形效果好，奶油坚挺，表面光滑细腻。再观察巧克力酱是否淋洒均衡，尽量避免出现巧克力酱糊化的情况。

Step2 摆盘

摩卡咖啡需要配长柄咖啡勺、餐巾纸，一起放在托盘里（见图4-31）。

图4-31 摩卡咖啡摆盘

Step3 出品

出品时必须使用托盘。端咖啡给客人时，必须用左手端托盘，右手端送咖啡。拿放咖啡时手握杯把，注意轻拿轻放，避免咖啡液溢出杯外。

Step4 感官特征评价

摩卡咖啡的表面是奶香浓郁、口感绵密厚实的奶油，搭配巧克力酱的香甜，入口是满满的幸福感。将奶油与巧克力味的咖啡搅拌后，巧克力风味更加明显，丝毫感觉不到原有的苦味，口感丝滑，香醇甜美。

项目 4 焦糖玛奇朵咖啡制作

* **知识准备**

一、焦糖玛奇朵咖啡的原料配方

焦糖玛奇朵咖啡是由意式浓缩咖啡、牛奶、奶泡、焦糖糖浆和焦糖淋酱制作而成。

一杯 360 mL 的焦糖玛奇朵咖啡配方为:

标准双份意式浓缩咖啡	60 mL
全脂牛奶	250 mL
焦糖糖浆	15 mL
焦糖淋酱	5 g

焦糖糖浆和焦糖淋酱的区别在于浓稠程度不一样。焦糖糖浆是液体状的，主要提供风味和甜度；焦糖淋酱则偏向于半固体半液体的流质状，主要用于在奶泡表面勾花并增加咖啡的焦糖香气。选用焦糖淋酱主要是它比较浓稠，不会在奶泡表面散开。

二、焦糖玛奇朵咖啡的饮用方式及文化介绍

1. 焦糖玛奇朵咖啡的饮用方式

饮用焦糖玛奇朵咖啡时建议不要先搅拌，而是先轻轻抿一口表面细腻如牛奶糖般的焦糖味奶泡，再是口味浓郁的意式咖啡，最后是混合焦糖糖浆香甜的

牛奶。然后用咖啡勺将咖啡、牛奶、奶泡、焦糖一起搅拌均匀饮用，体验咖啡与焦糖这对完美组合搭配之后的甜美。

2. 焦糖玛奇朵咖啡的文化介绍

焦糖玛奇朵咖啡源于传统的"意式玛奇朵"，但是选择了更大的杯型，添加了更多的牛奶，并加入了焦糖糖浆进行调味，是一款非常"美系"的咖啡。焦糖的香甜完全掩盖了咖啡的苦味，非常适合不能接受咖啡苦味的顾客饮用。

焦糖玛奇朵咖啡可以利用液体密度的不同制作出层次分明的分层效果。从下往上看，杯子最底部是密度最大的焦糖糖浆，其次是牛奶，接着是咖啡，最上方是细腻的奶泡，非常具有视觉冲击感。

任务1 / 使用半自动压力式咖啡机制作焦糖玛奇朵咖啡

Step1 检查设备、器具和原料

在制作卡布奇诺咖啡的基础上多准备焦糖糖浆和焦糖淋酱，使用带杯耳的玻璃咖啡杯。

Step2 加入焦糖糖浆

在咖啡杯底部加入焦糖糖浆，建议使用定量压棒加入。

Step3 制作意式浓缩咖啡

用不锈钢转接器接取 60 mL 的意式浓缩咖啡。

Step4 打发牛奶

在干净的奶缸中加入冷藏牛奶，用蒸气管半打发牛奶至 55 ~ 65 ℃，奶泡要求细腻光滑。

Step5 加入奶泡

用大的咖啡勺挖3～4勺奶泡加在焦糖糖浆表面，确保奶泡将焦糖糖浆全部盖住（见图4-32）。

Step6 加入牛奶

咖啡勺的背面向上，贴着杯壁，将牛奶沿着咖啡勺背面缓慢倒入到杯中（见图4-33）。咖啡勺需要随着奶泡液面的上升而往上提拉，直到牛奶倒至杯量8分满。

Step7 加入意式浓缩咖啡

在奶泡的中间加入60 mL意式浓缩咖啡，咖啡液会穿过奶泡漂浮在牛奶表面（见图4-34）。

Step8 修饰奶泡表面

用1勺奶泡将刚刚倒咖啡液留下的孔填补均匀（见图4-35）。

Step9 用焦糖淋酱勾花，完成制作

在奶泡表面淋焦糖淋酱，再用挑花针勾花。建议焦糖淋酱用之前放在冰箱里冷藏，因为在室内温度较高时，焦糖淋酱容易融化而导致花型不细致。将完成的焦糖玛奇朵咖啡放在指定区域，准备摆盘出品。

图4-32　在杯中加入奶泡

图4-33　在杯中倒入牛奶

图4-34　在杯中加入意式浓缩咖啡

图4-35　修饰奶泡表面

任务2 / 焦糖玛奇朵咖啡出品服务与感官特征评价

Step1 检查成品

（1）检查焦糖玛奇朵咖啡的杯量是否到9分满，咖啡杯的外观是否干净整洁，有无奶泡或者焦糖酱淋洒在杯外。

（2）检查奶泡的细腻程度，要求细腻光滑。然后检查焦糖淋酱的淋洒纹理是否清晰，在奶泡表面应无明显消散。

Step2 摆盘

焦糖咖啡需要配长柄咖啡勺、餐巾纸，一起放在托盘里。

Step3 出品

可参考摩卡咖啡的出品方式。

Step4 感官特征评价

焦糖玛奇朵咖啡有浓郁的焦糖香气，入口先是丝滑细腻的奶泡，带有焦糖风味，接着是浓郁的咖啡味，然后是伴随着焦糖甜感的牛奶，口感醇厚，焦糖风味余韵持久。

项目 5 维也纳咖啡制作

* 知识准备

一、维也纳咖啡的原料配方

维也纳咖啡是由美式咖啡、淡奶油制作而成。

一杯 180 mL 的维也纳咖啡配方为：

标准单份意式浓缩咖啡　　30 mL
热水　　　　　　　　　　120 mL
淡奶油　　　　　　　　　40 g

维也纳咖啡中的美式咖啡通常用意式浓缩咖啡加热水制作而成。为了增加咖啡的甜度，降低咖啡的苦味，也可选择在杯底加入少量的砂糖。

二、维也纳咖啡的饮用方式及文化介绍

1. 维也纳咖啡的饮用方式

维也纳咖啡的饮用方式与摩卡咖啡有点类似，先不急着将奶油与咖啡搅拌，而是先品尝表面凉爽的奶油，再饮用下面温热浓香的咖啡。如果是加有砂糖的维也纳咖啡，还会多一层甜蜜的口感。

2. 维也纳咖啡的文化介绍

维也纳咖啡是一款成名于奥地利的咖啡，类似于放大版的康宝兰咖啡。康宝兰咖啡是意式浓缩咖啡加奶油，而维也纳咖啡则是美式咖啡加奶油，也有人

会在维也纳咖啡上面淋少量的巧克力酱或者撒巧克力粉。

任务1 / 使用半自动压力式咖啡机制作维也纳咖啡

Step1 检查设备、器具和原料

（1）检查咖啡机、磨豆机等设备是否正常工作。

（2）检查制作标准单份意式浓缩咖啡所需的器具和奶油枪。

（3）检查咖啡豆及奶油枪内的奶油是否满足制作需求。

Step2 制作意式浓缩咖啡

制作 30 mL 的意式浓缩咖啡，盛放在咖啡杯中。

Step3 加入热水

在杯中加入 70 ~ 80 ℃的热水。若水温过高会导致表面奶油直接融化而无法成型，水温过低则会影响口感。

Step4 加入淡奶油

左手扶着杯子，右手握住奶油枪，边沿着杯壁旋转边挤压奶油。在旋转的过程中要始终保持裱花头贴着杯壁，避免出现奶油漂浮的情况。具体操作可以参考摩卡咖啡制作中加入淡奶油部分。

Step5 完成制作

将奶油枪裱花头清洁干净，平放回冷藏冰箱。将完成的维也纳咖啡放在指定区域，准备摆盘出品。

任务2 / 维也纳咖啡出品服务与感官特征评价

Step1 检查成品

（1）检查维也纳咖啡的奶油是否高出杯口，奶油或咖啡有无溢出杯外，咖啡杯的外观是否干净整洁。

（2）检查奶油成形效果是否良好，奶油是否坚挺、无坍塌。

Step2 摆盘

维也纳咖啡需要配小咖啡勺、餐巾纸和吸管，一起放在托盘里。

Step3 出品

可参考摩卡咖啡的出品方式。

Step4 感官特征评价

维也纳咖啡奶香浓郁，入口是凉爽舒适的奶油味，接着是浓香甘醇的咖啡，一冷一热，冷热交融，带给味蕾全新的享受，而且奶油可以使美式咖啡口感更加丝滑圆润，美式咖啡则可以降低奶油的油腻感。

项目 6　冰卡布奇诺咖啡制作

* 知识准备

一、冰卡布奇诺咖啡的原料配方

冰卡布奇诺咖啡是由意式浓缩咖啡、牛奶和冰块制作而成。

一杯 360 mL 的冰卡布奇诺配方为：

标准双份意式浓缩咖啡	60 mL
全脂牛奶	150 mL
冰块	180 g

二、冰卡布奇诺咖啡的饮用方式及文化介绍

1. 冰卡布奇诺咖啡的饮用方式

先喝一口咖啡表面丝滑、绵密厚实的奶泡，再品尝咖啡与牛奶的混合液，最后搅拌均匀饮用。

2. 冰卡布奇诺咖啡的文化介绍

冰卡布奇诺咖啡在一般咖啡馆的菜单上几乎看不见，只有特定的精致咖啡小店或者关系不错的咖啡师才会给你做这款隐藏版咖啡。不是因为操作很难，而是因为操作步骤比较多，需要手动打发冷奶泡，耗时较长。

执行

任务1 / 使用半自动压力式咖啡机制作冰卡布奇诺咖啡

Step1 检查设备、器具和原料

可参考冰拿铁咖啡制作的准备工作，再多准备一套双层手动打奶器（见图4-36）。

Step2 手动打发冷奶泡

（1）在手动打奶器里加入冷藏牛奶，倒入的量应大于容器的1/3，小于1/2。如果加入量低于1/3，不容易发泡；如果大于1/2，则容易溢出容器外。加入冷藏牛奶后，容器外会形成一圈雾气，可以观察雾气的高度来判断倒入的牛奶量。

图4-36 手动打奶器

（2）将手动打奶器的盖子放入容器内，左手握住容器的手把，右手握住拉杆顶端的握球（见图4-37）。

图4-37 将手动打奶器的盖子放入容器内

（3）将完整的拉杆分为3段，先让滤网在容器底部1/3处快速打发15～20下，拉杆只需要提拉1/3的高度（见图4-38）。打发过程是用右手

图4-38 底部打发

手腕的力量快速提拉下压，确保打发均匀，尽量避免手臂一起大幅度晃动，否则肌肉容易酸疼。

（4）接着滤网在容器中部打发，意味着拉杆在1/3和2/3处反复提拉下压，打发至拉杆上有牛奶析出即可。

（5）最后将整个拉杆从上往下快速提拉下压（见图4-39）。当奶泡溢出容器外时，打发完成。

（6）将滤网取出，静置（切记一定要静置）容器2 min左右，如图4-40所示。

图4-39　快速打发

Step3 冰杯

可参考冰拿铁咖啡制作的冰杯方法。

Step4 制作意式浓缩咖啡

用不锈钢转接器接取60 mL的意式浓缩咖啡。

图4-40　静置容器

Step5 加入冷藏牛奶

在玻璃咖啡杯中加入冷藏牛奶至杯量的6分满，如果喜欢喝甜咖啡，可以再加15 mL糖浆调味。

Step6 加入冷奶泡

（1）先用大的咖啡勺将打奶器中表面粗糙的奶泡刮去（见图4-41），留下细腻的奶泡。

图4-41　刮去表面粗糙的奶泡

（2）再用咖啡勺将奶泡搅拌均匀，搅拌至表面光滑、流动性强的状态。

（3）然后在玻璃咖啡杯中加入奶泡至杯量8分满（见图4-42）。

Step7 加入意式浓缩咖啡

在玻璃咖啡杯中加入60 mL意式浓缩咖啡，从奶泡中间倒入即可（见图4-43）。咖啡会停留在牛奶和奶泡之间，呈现分层效果。

Step8 修饰表面奶泡

再用咖啡勺舀一勺奶泡，将刚刚倒咖啡的缺口修饰完整。

Step9 表面勾花，完成制作

为了让咖啡表面看上去更加美观，可以放三颗咖啡豆装饰或者用咖啡油脂勾花。将完成的冰卡布奇诺咖啡放在指定区域，准备摆盘出品。

图4-42　将奶泡加至杯量8分满

图4-43　加入意式浓缩咖啡

任务2 / 冰卡布奇诺咖啡出品服务与感官特征评价

Step1 检查成品

（1）检查卡布奇诺咖啡的杯量是否到10分满，咖啡杯的外观是否干净整洁。

（2）检查冰卡布奇诺咖啡的温度，要求咖啡液温度低于4 ℃。

（3）检查冰卡布奇诺咖啡的牛奶、咖啡及奶泡比例是否合理，表面奶泡是否光滑细腻。

Step2 摆盘与出品

可参考冰拿铁咖啡的摆盘与出品方式。

Step3 感官特征评价

冰卡布奇诺咖啡用冷藏牛奶打发。牛奶与咖啡融合后,咖啡更加丝滑绵密,口感香浓厚实。

项目 7 爱尔兰咖啡制作

✽ 知识准备

爱尔兰咖啡的制作配方如下:

爱尔兰威士忌	30 mL
美式咖啡	180 mL
淡奶油	40 g
砂糖	15 g

一、爱尔兰咖啡的原料配方

爱尔兰咖啡是由爱尔兰威士忌、美式咖啡、淡奶油和砂糖制作而成。

爱尔兰咖啡的美式咖啡可以用滴滤机、虹吸壶、压力式咖啡机,甚至胶囊咖啡机制作。砂糖通常选用方糖。

二、爱尔兰咖啡的饮用方式及文化介绍

1. 爱尔兰咖啡的饮用方式

在饮用爱尔兰咖啡之前，先闻一下爱尔兰咖啡的酒香，再抿上一口咖啡，先是感受到奶油的香气，然后在口腔内迸发出充满刺激感的酒味，接着可以感受到咖啡的香醇和糖的甜感，口感甘醇，层次分明。之后用咖啡勺将奶油与咖啡搅拌均匀，再品尝奶油与咖啡、酒混合之后的味道。注意咖啡勺仅用于搅拌而不用于饮用咖啡。

2. 爱尔兰咖啡的文化介绍

爱尔兰咖啡虽然名为咖啡，实际上却应该算是一款鸡尾酒，因为爱尔兰威士忌才是这款饮料的主角，而咖啡只是其中的配料。这款饮料背后有一个关于调酒师暗恋空姐的非常感人的故事。在都柏林的一家酒吧里会定期来一位空姐，这名空姐每次来酒吧只会点咖啡，暗恋她许久的调酒师通过交谈得知她并不喜欢喝酒，但他还是想为她调制一杯自己拿手的绝活。终于有一天，他想出来这款咖啡与酒混合的饮料，通过燃烧将酒精全部消耗，然后用咖啡、糖和奶油将剩余的酒味掩盖。调酒师还专门为其设计了一张单独的菜单，待空姐来时，把这种富有创意的饮品菜单夹在给空姐的菜单里面。空姐果然一眼就点中了这款新品咖啡，并告诉调酒师这是她最后一次飞爱尔兰了，之后她将停留在美国工作。调酒师很伤感，为了不让空姐看出他由喜转忧的感情变化，就立刻转身开始调制这款饮料。在饮料制作完成后，调酒师不禁流下了眼泪。

空姐回到美国后，想起了这款好喝的咖啡饮料，但是寻遍了很多酒吧和咖啡馆都没有找到同款的爱尔兰咖啡，此时才意识到这是一款为她专门调制的饮料。

CHAPTER 4　｜花式咖啡调制｜

执行

任务 1 / 使用半自动压力式咖啡机制作爱尔兰咖啡

Step1 检查设备、器具和原料

需要准备一套制作爱尔兰咖啡专用的杯子，它属于耐高温的玻璃杯，杯上有两根线，并配有酒精灯炉架。另外，需要准备装有打发好奶油的奶油枪、方糖和爱尔兰威士忌。

Step2 制作美式咖啡

制作一杯美式咖啡，可以用意式浓缩咖啡加热水的方式调制完成。

Step3 加糖和威士忌

在爱尔兰咖啡杯中加入 2 块方糖，倒入威士忌到杯子第一根线。

Step4 烤杯

将咖啡杯放在炉架上，点燃酒精灯，灼烧杯外底部。左手扶着炉架底座，右手手指抓着杯下部缓慢旋转，让杯子受热均匀，避免因局部过热而爆裂开。

Step5 晃杯

待咖啡杯内的雾气全部消失，右手握住杯下部取下杯子，将杯口置于酒精灯火焰上，点燃杯内的酒精。然后将杯子放在台面上摇晃，像摇晃红酒一样晃杯，直至火焰熄灭，糖全部融化。

Step6 加入美式咖啡

将制作好的美式咖啡倒入到杯子的第二根线上，注意倒的时候尽量避免酒液溅出。

Step7 加入奶油

沿着杯壁打一朵奶油，奶油与炙热的杯壁混合的瞬间会听到"哧哧"的声音，然后奶油会融化，完整覆盖在咖啡液表面。

Step8 完成制作

将完成的爱尔兰咖啡放在指定区域，准备摆盘出品。

任务2 / 爱尔兰咖啡出品服务与感官特征评价

Step1 检查成品

（1）检查爱尔兰咖啡的奶油是否高出杯口，奶油或咖啡有无溢出杯外，咖啡杯的外观是否干净整洁。

（2）检查奶油成形效果是否良好，奶油是否坚挺、无坍塌。

Step2 摆盘

爱尔兰咖啡需要配小咖啡勺、餐巾纸和吸管，一起放在托盘里。

Step3 出品

可参考摩卡咖啡的出品方式。

Step4 感官特征评价

爱尔兰咖啡是咖啡与酒精的结合物，酒香、奶香、咖啡香，香味层次分明，令人愉悦振奋。咖啡味苦，但口感醇厚。

CHAPTER 5

咖啡设备的使用与维护保养

项目 1　意式咖啡磨豆机的粉量调节

* 知识准备

一、意式咖啡磨豆机的类型

目前市面上应用广泛的意式咖啡磨豆机有两类。

第一类为手控式意式咖啡磨豆机。手控式顾名思义就是人为控制出粉量。咖啡机在研磨过程中，研磨出的咖啡粉会进入到粉仓，需要人工控制拉粉杆将咖啡粉拨进咖啡粉碗里面，从而实现接粉。

第二类为定量式意式咖啡磨豆机。这种磨豆机是用机器设定时间，根据时间控制咖啡粉磨出的量，从而实现精准控制。定量式意式咖啡磨豆机的出粉方式更为直接，研磨后的咖啡粉直接通过出粉口进入到粉碗里面，能提高操作效率，是目前大多数精品咖啡馆的首选磨豆机。

接下来对两类磨豆机的结构及功能进行详细介绍。

1. 手控式意式咖啡磨豆机

以 mazzer super jolly 意式咖啡磨豆机为例，其外部结构如图 5-1 所示。

（1）豆仓盖。可避免灰尘进入豆仓内，同时隔绝部分空气与湿气，使咖啡豆放置在相对稳定的环境中。

图 5-1　mazzer super jolly 意式咖啡磨豆机

（2）豆仓。用来放置咖啡豆的容器，可装 1.2 kg 左右的咖啡豆，日常使用过程中要保证咖啡豆至少占豆仓的 1/3，这样有利于给底部提供稳定的豆压，防止研磨过程中出现跳豆现象导致研磨不均匀。豆仓口的底部与磨豆机的磨盘相连接。

（3）豆槽挡板。位于豆仓口底部，在移除豆仓时将挡板插入，可防止咖啡豆从豆仓口漏出。

（4）研磨度调节器。通过研磨度调节器可调整咖啡颗粒的大小。研磨度调节器（见图5-2）的表盘上有显示相应的刻度，当指针指向表盘上刻度数字越大时，咖啡颗粒就越粗，指向刻度数字越小时，咖啡颗粒就越细。通俗来讲就是通过磨豆机磨盘之间的间隙来研磨出所需的咖啡颗粒。

（5）调节盘手柄。用来调节研磨度调节器的旋转方向。

（6）粉仓盖。避免灰尘进入粉仓内，同时隔绝部分空气与湿气，使咖啡粉放置在相对稳定的环境中。

图5-2 研磨度调节器

（7）粉仓。研磨后的咖啡粉会进入到粉仓存储。粉仓中间是透明的（见图5-3），便于观察研磨出的咖啡粉的状态和粉量。粉仓内部置有粉槽分量器，分为6个等比例的小粉槽。分量器每旋转一次都会有一格小粉槽的咖啡粉漏出，每个小粉槽内大约能装7 g（误差较大）。要保证每次出粉大致相同的前提是研磨后的咖啡粉要填满粉仓，但是不建议这样操作，因为一般来讲咖啡馆的出杯量有限，很难在短时间内将研磨出的咖啡粉全部用完，这样就会让咖啡粉暴露在空气中，加速咖啡内芳香物质的挥发，后果是做出的咖啡会变得索然无味。正常

图5-3 粉仓内部结构

的制作方式是一边研磨一边拉动拉粉杆使咖啡粉漏出，尽可能保证粉仓内没有过多的咖啡粉残留。

（8）拉粉杆。移动拉粉杆将粉仓内的咖啡粉拨出。

（9）填压器。用来将粉碗内的咖啡粉压实、压平。

（10）冲煮手柄放置架。方便固定冲煮手柄并且使研磨后的咖啡粉落入到粉碗中。

（11）盛粉盘。在接粉过程中会有咖啡粉散落，盛粉盘可以防止咖啡粉散落在桌面。

（12）电源开关。当打开开关时，磨豆机启动，开始研磨咖啡。关闭开关后磨豆机停止研磨。

磨豆机使用流程：当需要研磨咖啡时，将冲煮手柄放置在放置架上，打开磨豆机开关研磨咖啡，研磨出的咖啡粉进入到粉仓内部，拉动拉粉杆将粉仓内的咖啡粉拨出，落入到粉碗里。满足所需要的咖啡粉量后，关闭磨豆机开关。

2. 定量式意式咖啡磨豆机

以 mythos one 意式咖啡磨豆机为例，其外部结构如图 5-4 所示。

（1）豆仓盖。可避免灰尘进入豆仓内，同时隔绝部分空气与湿气，使咖啡豆放置在相对稳定的环境中。

（2）豆仓。用来放置咖啡豆的容器，可装 1.3 kg 左右的咖啡豆。mythos one 的豆仓与其他豆仓形状有所不同，为倾斜式设计（见图 5-5）。日常使用过程中要保证咖啡豆集中在豆仓的前部（豆仓口），咖啡豆至少占豆仓的 1/2，这样有利于给底部提供稳定的豆压，

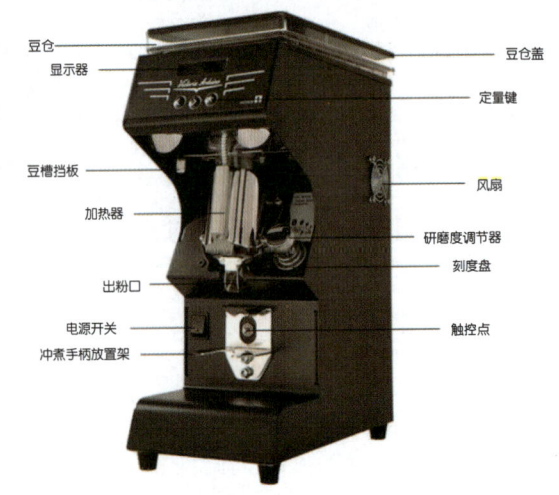

图 5-4　mythos one 意式咖啡磨豆机

防止研磨过程中出现跳豆现象导致研磨不均匀。豆仓口的底部与磨豆机的磨盘相连接。

（3）显示器。用来显示磨豆机的研磨时间和研磨模式。一般研磨模式分为两种：第一种是定量模式，可以设定咖啡豆的研磨时间，当研磨到设定时间时磨豆机将自动停止工作；第二种是即出模式，没有时间限制，可以持续研磨咖啡粉。

图5-5　豆仓

（4）定量键。"<"">"可以对研磨时间进行增加或减少的设定，"*"则可以切换研磨模式，如图5-6所示。

（5）豆槽挡板。位于豆仓口底部，在移除豆仓时将挡板插入，可防止咖啡豆从豆仓口漏出。

图5-6　定量键

（6）加热器。恒定温度控制有利于避免环境温差对研磨造成影响。

（7）研磨度调节器。如图5-7所示，通过旋转研磨度调节器来调整咖啡颗粒的大小。

图5-7　研磨度调节器

（8）刻度盘。刻度盘上有相应的刻度。当指针指向表盘上刻度数字越大时，咖啡颗粒越粗；指向刻度数字越小时，咖啡颗粒越细。

（9）出粉口。研磨后的咖啡粉从出粉口进到粉碗里面。出粉口带有防静电设置，研磨时可防止咖啡粉飞出。

（10）触控点。研磨时只需触碰触控点即可。

（11）冲煮手柄放置架。方便固定冲煮手柄并且使研磨的咖啡粉落入到粉碗中。

（12）电源开关。打开开关，磨豆机进入待机模式。关闭开关后则磨豆机不再运行。

磨豆机使用流程：打开磨豆机开关，使磨豆机进入待机模式，将冲煮手柄置于放置架上并触碰触控点，磨豆机开始研磨咖啡，计时器计时，咖啡粉落入到粉碗里。到达预设时间后，磨豆机停止研磨。

3. 定量式意式咖啡磨豆机的优势

（1）定量式意式咖啡磨豆机根据时间控制出粉量，误差较小。而手控式意式咖啡磨豆机通过咖啡师手动控制出粉量，这会导致研磨出的咖啡粉过多或者过少，误差较大。

（2）定量式意式咖啡磨豆机在制作咖啡过程中效率更高。手控式意式咖啡磨豆机很难掌握每次研磨的出粉量，这时需要使用电子秤来辅助称量每次研磨咖啡粉的量，多则减，少则加，这个过程会消耗一些时间，影响咖啡出品效率。

二、研磨要素

意式咖啡萃取中影响咖啡液流速的两大研磨要素是咖啡粉量和咖啡颗粒度。

1. 咖啡粉量

过多使用咖啡粉会使咖啡液流速减慢，导致咖啡萃取不足，咖啡味道更浓郁，并且缺少指导性风味。过少使用咖啡粉会使咖啡液流速加快，咖啡容易萃取过度，咖啡口感减弱，容易出现水感、苦涩感。所以切勿过多或者过少使用咖啡粉。不同咖啡机使用的咖啡粉碗大小也各有不同，有 14 g、17 g、21 g 等。在调节磨豆机时要清楚咖啡粉碗的大小，确定制作意式咖啡要使用的粉量。比方说 17 g 的粉碗不代表就只能装 17 g 的咖啡，一般以研磨出的咖啡粉在没有外界重力影响的情况下自由散落地将粉碗填满为宜，所以粉量会有上下浮动。像深度烘焙的咖啡粉体积较大，可能 16 g 的粉量就可以将粉碗填满；而中度烘焙的咖啡粉体积较小，可能需要 18 g 的粉量才可以将粉碗填满。不同粉量在粉碗中的状态对比如图 5-8 所示。

图 5-8 不同粉量在粉碗中的状态对比

2. 咖啡颗粒度

咖啡颗粒度的大小同样可以影响咖啡液的流速。在粉量不变的情况下，使用的咖啡颗粒度越小，咖啡液流速就越慢；咖啡颗粒度越大，咖啡液流速就越快。

在调节咖啡研磨过程中，咖啡粉碗的大小和咖啡的烘焙度是已知的。这里举例使用 17 g 粉碗（见图 5-9）和深度烘焙咖啡豆，需要调节研磨出的咖啡颗粒大小。磨豆机调节步骤如下。

图 5-9 17 g 粉碗

第一步：磨出少量咖啡粉，用肉眼或者手指去感知颗粒的大小（大致判定咖啡颗粒大小），如果是砂糖般大小那么咖啡颗粒会较大，不适合做咖啡，建

议调细;如果是面粉般的大小,那么咖啡粉就过细了,需要调粗。不同研磨度的咖啡粉如图 5-10 所示。

图 5-10　不同研磨度的咖啡粉

当大致调整完研磨度后进行第二步。

第二步:使用电子秤称量研磨出咖啡粉的质量,因为粉碗是 17 g 的,所以研磨出 17 g 的咖啡粉(17 g 不是绝对的,为了方便调整参数,先固定可控的变量)。

第三步:假设萃取 25 s,用 17 g 的咖啡粉萃取 34 g 浓缩咖啡是正常制作的流速。那么通过萃取来观察咖啡液流出的量是否在此范围内,如果 20 s 流出 34 g 的咖啡液,说明咖啡液流速较快,在保证粉量不变的前提下,需要将研磨度调细(微调)。这种方法是在固定粉量的情况下去调整研磨度。但是还有另一种情况,使用的咖啡粉已经超出或者少于使用粉碗的容量,这时要在保证研磨度不变的情况下,进行加粉或者减粉的来改变咖啡液的流速。

在调节研磨度的时候,有两点需要注意:第一,调节研磨度前需要打开磨豆机的电源开关,在磨盘旋转时去调节研磨度,因为在磨盘在静止时调节研磨度会造成卡豆或者磨盘不转的现象;第二,在调节研磨度之后,需要研磨出 20 g 左右的咖啡粉,因为在研磨通道里存有很多调节之前的咖啡粉,如果使用这部分咖啡粉会对咖啡萃取造成影响。

执行

任务1 / 调节手控式意式咖啡磨豆机的粉量

Step1 准备器具和咖啡豆

准备一台咖啡磨豆机（本任务以圣马可SM92磨豆机为例进行介绍）、一个电子秤、一个手柄和适量咖啡豆（见图5-11）。准备好之后，将豆仓盖打开，将咖啡豆倒入豆仓内（见图5-12）。

图5-11 准备器具和咖啡豆

图5-12 将咖啡豆倒入豆仓内

Step2 调节预设研磨度

先根据自己的经验，将咖啡磨豆机调整至大概的刻度，预设好研磨度（见图5-13）。

Step3 打开电源开关研磨咖啡粉

打开电源开关（见图5-14），开始研磨咖啡粉，咖啡粉量需要完整盖住拨粉片，超过粉仓的1/3。

图5-13 调节预设研磨度

图5-14 打开电源开关

Step4 手动拨粉

左手握住粉碗手柄，右手手指拉住磨豆机的拉粉杆，从头拉到尾，再放回到原位（见图5-15）。

Step5 称量粉量

将粉碗手柄放在已去皮的电子秤上称量咖啡粉量，即单次拨粉量，如图5-16所示。

Step6 调整粉量调节旋钮

如果单次拨粉量大于或小于目标值，可以在粉仓内的中心位置调整粉量调节旋钮（见图5-17），然后按照Step4和Step5再次称量，直至完成调节。

图 5-15　手动拨粉

图 5-16　称量单次拨粉量

图 5-17　调整粉量调节旋钮

任务2 / 调节定量式意式咖啡磨豆机的粉量

Step1 准备器具和咖啡豆

可参考任务1的Step1。本任务以Fiorenzato（佛伦萨多）F64E磨豆机为例进行介绍。

Step2 调节预设研磨度

可参考任务1的Step2。调节过程一定要注意，如果转盘上有安全卡扣，需要将安全卡扣往下压住才能调节研磨度调节器（见图5-18），切忌用蛮力调节。

Step3 打开电源开关

将电源开关打开,从"0"的位置旋转至"1"的位置,如图5-19所示。

图5-18　用左手拇指按住安全卡扣,右手调节转盘

图5-19　打开自动定量磨豆机电源开关

Step4 调节研磨时间

根据磨豆机的使用说明书,打开研磨时间设置界面,长按双份粉量按钮(见图5-20),进入粉量调节界面,调整对应的单份粉量研磨时间和双份粉量研磨时间(见图5-21),然后按确认按钮,退出设置界面。

图5-20　长按双份粉量按钮

图5-21　调整磨粉时间

Step5 触碰触控点

将粉碗手柄放在磨豆机冲煮手柄放置架上,轻轻往里平推,触碰触控点,磨豆机开始研磨咖啡粉,粉顺着出粉口落入粉碗内。在这个过程中需要适当调整粉碗位置,让咖啡粉全部落入粉碗内(见图5-22)。

在咖啡粉研磨过程中,显示屏上会有研磨时间显示(见图5-23)。

图 5-22 咖啡粉全部落入粉碗内

图 5-23 显示屏上显示的研磨时间

Step6 称量粉量

可参考"任务 1 调节手控式意式咖啡磨豆机的粉量"的 Step5。

Step7 调整研磨时间

如果单次拨粉量大于或小于目标值,可以按照 Step4 再进入时间调整设置界面,继续调整研磨时间。需要根据前一次的研磨时间和研磨量进行调整,如果粉量少了,可以增加研磨时间;如果粉量多了,可以减少研磨时间。调节研磨时间后,再按照 Step5 和 Step6 再次研磨和称量,直至完成调节。

大部分定量式意式咖啡磨豆机的定量原理是控制研磨时间,即在相同研磨度下,研磨时间越长,研磨粉量越多。在更换了咖啡豆或者调整过研磨度之后,咖啡粉的密度会发生改变,虽然研磨时间仍然相同,但是研磨粉量已经发生改变,所以需要重新设置单次研磨时间和粉量。现在也有部分高端磨豆机是直接通过电子秤称量粉量的,可以更直观地反馈每次的研磨量,操作更简单方便,但价格相对昂贵。

项目 2　意式咖啡磨豆机磨盘的维护保养

* 知识准备

一、意式咖啡磨豆机磨盘对咖啡风味的影响

1. 意式咖啡磨豆机磨盘结垢对咖啡风味的影响

经过研磨后的咖啡颗粒并不是完全均匀的，咖啡颗粒中有粗粉和细粉，甚至是极细粉，这些极细粉大小接近于面粉。另外，咖啡豆中含有的油脂较多（尤其是深度烘焙的咖啡豆），经过长时间的研磨，这些极细粉与咖啡油脂混合堆积，存在于磨盘的缝隙和通道中，形成所谓的咖啡垢，如图 5-24 所示。

图 5-24　咖啡磨豆机磨盘结垢

咖啡垢对风味的影响大致分为两方面：一是经带有咖啡垢的磨盘制得的咖啡会带有杂质和油耗的味道，导致咖啡产生负面的风味；二是在研磨过程中，因为刀锋路径内存有大量的咖啡垢，导致研磨颗粒的均匀度下降，出现过粗或者过细的咖啡粉，容易萃取不均，造成酸涩或者苦感，使咖啡风味辨识度下降。

2. 意式咖啡磨豆机磨盘温度对咖啡风味的影响

意式咖啡磨豆机的磨盘在长时间研磨咖啡的过程中会产生很高的热量，这部分热量大多被咖啡粉吸收。连续运转的磨豆机可以使20 ℃的咖啡粉升至50 ℃。咖啡粉在受热时会加速氧化过程，加速咖啡豆内部的气体挥发，体现在萃取过程中则是咖啡液的流速加快了，从而使咖啡风味减弱或者使咖啡较淡，缺少厚实的口感。

另一种影响是萃取过程中水温的变化。假设咖啡机中的热水的温度在92 ℃，常温状态下的咖啡粉温度大约为20 ℃，萃取过程中咖啡粉会吸收热水的温度，使制取后的咖啡液的温度下降。但是如果使用升温至50 ℃左右的咖啡粉，制取后的咖啡液的温度就会比20 ℃的高。所以磨盘的温度不仅会影响咖啡的风味，还会影响咖啡品质的一致性。

二、意式咖啡磨豆机磨盘的清洁

磨豆机磨盘清洁方法有两种。

1. 使用磨豆机清洁片清洁

这种清洁片（见图5-25）是使用谷物制成的，所以不存在食品安全问题。在使用前先将磨豆机中的咖啡豆清空，然后将大约40 g磨豆机清洁片导入清空的磨豆机豆仓内，打开磨豆机研磨清洁片。在研磨过程中，清洁片可以吸附磨盘中的咖啡油脂，清除咖啡油脂所带来的油耗的味道，同时还可以把磨盘中的细粉带出，从而达到清洁磨盘的目的。

图5-25 磨豆机清洁片

清洁过后的磨盘不代表可以立即制作咖啡，因为磨盘里面还残留着清洁片的残粉，需要使用少量的咖啡豆倒入磨豆机中进行研磨，将残留的清洁片清除（以研磨出的咖啡粉中看不到白色颗粒为宜）。

清洁片的使用频率取决于磨豆机的磨豆量，一般建议2~3个星期使用一次。清洁片的使用不代表可以将磨盘中的残粉全部清除，毕竟有些极细粉会黏附于磨盘上。

2. 拆卸磨盘进行深度清洁

市面上大部分的磨豆机磨盘是可以旋转拆除的，只有一小部分需要通过旋具拆解。清洁前同样要将磨豆机内的咖啡豆清空，关闭电源开关，将磨盘向调粗的方向旋转，直至将磨盘拆除。拆除后会看见磨盘的纹理，这些纹理里面存有大量的咖啡细粉，需要使用毛刷将黏附于纹理上的细粉清除。如果有少量的咖啡油脂，则应使用干燥的纸巾或者抹布将其擦拭干净。拆卸磨盘清理的方式相对来说较为麻烦，同时清理过后还需要给磨盘进行研磨度矫正，所以这种清理方法的使用频率一般是 2 个月一次，当然具体也要根据磨豆机的使用情况来确定。

三、意式咖啡磨豆机磨盘受损情况判断

意式咖啡磨豆机的磨盘分为平刀和锥刀两种，不同种类磨盘的使用寿命是有差异的。平刀磨盘在研磨 500 ~ 700 kg 的咖啡豆后建议更换。锥刀磨盘在研磨 1 000 kg 咖啡豆后建议更换。判断意式咖啡磨豆机磨盘是否受损的方法如下。

1. 在咖啡豆没有问题的情况下，萃取出的浓缩咖啡味道变淡或者出现酸、苦、涩的味道，并缺乏一定的甜感，与之前的味道差异较大，这说明磨盘可能受损，刀口有可能变钝，需要拆开磨盘观察刀口的情况（见图 5-26）。

2. 磨出的咖啡粉量前后出现较大的偏差，磨粉的一致性下降，这种情况也可能是磨豆机磨盘受损导致。

图 5-26　磨盘锯齿形刀口

执行

任务1 / 清洁意式咖啡磨豆机的磨盘

Step1 关闭豆仓

平推豆仓下的挡板,关闭豆仓,如图5-27所示。

图5-27 关闭豆仓

Step2 取出豆仓

将豆仓取出(见图5-28),通常将豆仓内的咖啡豆直接放在密封罐或盒内储存(见图5-29)。

图5-28 取出豆仓　　图5-29 将豆仓内的咖啡豆放入密封罐内

Step3 清理剩余咖啡豆

用干净的勺子将磨盘内剩余的咖啡豆取出,也放入密封罐内(见图5-30)。如果磨盘内还有少量咖啡豆残留需要清理,可以直接将磨豆机开关打开,将其研磨成咖啡粉处理掉。切忌用手直接取咖啡豆，这不符合食品安全卫生要求。另外，磨豆机通电时，手指千万不能触碰磨盘，避免因误操作而弄伤手指。

Step4 关闭磨豆机电源开关

在磨盘内的咖啡豆全部清理干净之后（见图5-31），关闭磨豆机电源开关，拔掉电源线。

Step5 卸载上磨盘

按住磨盘安全卡扣，将研磨度调节器沿着研磨颗粒大的方向旋转，直至取出上磨盘（见图5-32）。

Step6 清理磨盘

使用木刷清洁磨盘缝隙中的咖啡粉渣（见图5-33）。如果粉渣结块，木刷刷不动，可以用细针或牙签划开粉渣块（见图5-34），然后再刷干净（见图5-35）。

图5-30　将磨盘内剩余的咖啡豆放入密封罐内

图5-31　咖啡豆清理干净的状态

图5-32　拆卸并取出上磨盘

图5-33　清洁上磨盘缝隙中的咖啡粉渣

图5-34　用针尖划开粉渣块

图5-35 用木刷将上磨盘刷干净

磨豆机的下磨盘通常用螺钉固定在磨豆机机身上，咖啡粉渣会贴在下磨盘周围壁上（见图5-36）以及凝固在出粉口上（见图5-37）。

图5-36 下磨盘周围的咖啡粉渣　　图5-37 凝固在出粉口的咖啡粉渣

可以用工具将下磨盘拆下取出（见图5-38和图5-39），此时会发现在磨盘下面还有大量粉垢凝结（见图5-40）。

图5-38 拆卸下磨盘　　图5-39 取出下磨盘　　图5-40 凝结在磨盘下的粉垢

接下来需要对下磨盘进行深度清洁。清洁的方式有两种：一种是直接用小型吸尘器吸（见图5-41）；另一种是将磨豆机倒立，倒出咖啡粉垢（见图5-42）。

图 5-41　使用吸尘器吸磨盘内的咖啡粉渣　　图 5-42　倒出磨豆机内的粉垢

前者需要准备小型吸尘器，但是清洁得更干净；后者简单直接，但是需要花费一定的力气，不太适合力气较小的咖啡师操作，而且粉垢也可能倒不干净。另外，如果选择直接倒，要注意先将机身内嵌的几个弹簧取出（见图5-43），以免丢失。

图 5-43　取出磨豆机内的弹簧

下磨盘上的咖啡粉渣可以用刷子刷，但是磨盘间隙里的咖啡粉垢有时很难刷干净，也需要用针尖进行细致处理（见图5-44）。如果需要用清水冲洗磨盘，冲洗后应擦拭干净并晾干。

图 5-44　处理磨盘间隙残留的粉垢

Step7 完成组装

将清洁完成后的下磨盘组装回去（见图5-45），并依次将弹簧放入洞孔，再放入上磨盘，最后将转盘扣上，向研磨颗粒小的方向旋拧，直至拧紧，然后稍微回松一点点即可，根据需要重新设置研磨度。在拧转盘时需要注意上下螺纹要对准，不要强拧，同时安全卡扣一定要保持按下才能拧得动（见图5-46）。

图5-45 将清洁干净的下磨盘组装回去　　图5-46 按住安全卡扣，旋拧转盘

☕ 任务2 / 更换意式咖啡磨豆机的磨盘

Step1 清洁上磨盘

参考任务1的清洁方法，将磨豆机上磨盘取出，清洁干净（见图5-47）。

图5-47 清洁上磨盘

Step2 卸载上磨盘

用工具将上磨盘拆开（见图5-48），将残留在磨盘缝隙中的咖啡粉渣（见图5-49）清洁干净。拆下磨盘的方式类似，可以参考任务1。

| CHAPTER 5 | 咖啡设备的使用与维护保养 |

图5-48　拆开上磨盘　　　　　　　图5-49　残留在磨盘缝隙中的粉渣

Step3 更换磨盘

更换一套新的磨盘（见图5-50），将其组装完毕（见图5-51）。

图5-50　新的磨豆机磨盘　　　　　图5-51　完成新磨盘组装

项目 3　半自动压力式咖啡机的维护保养

✷ 知识准备

咖啡是一种含油的物质。随着时间的流逝，咖啡油脂会堆积在咖啡设备中，形成腐败的残留物。由带有这些残留物的、平时缺乏清洁保养的咖啡机所制作出来的咖啡，味道中会有苦涩味和霉味。这些残留物不仅会造成不良口感和气味，还会深入到设备中，随着时间推移最终堵塞滤网和管路，引起设备故障。

一、半自动压力式咖啡机各部件维护保养

半自动咖啡机对咖啡馆的重要性不言而喻——它可以称得上是咖啡馆的"心脏"。"心脏"的使用寿命一取决于生产质量，二取决于维护保养。一个优秀的咖啡师，不仅能做出一杯醇香的咖啡，也应学会看护好"心脏"。

1. 咖啡机机身维护保养

如果没有定期清洁，咖啡机外部各角落里就很容易有咖啡污渍堆积（见图5-52）。可以用拧干的湿抹布擦拭机身（见图5-53），如需使用清洁剂，应选用温和不具腐蚀性的清洁剂喷于湿抹布上再擦拭机身（注意抹布不可太湿，清洁剂更不可直接喷于机身上，以防多余的水和清洁剂渗入电路系统，侵蚀电线造成短路）。

图 5-52　咖啡机机身外部的污垢

图 5-53　用抹布擦拭咖啡机机身

用工具拆下顶部金属板,可以看到长期使用的咖啡机内部也会有大量的污渍堆积(见图 5-54)。因为为了锅炉散热,咖啡机通常不会做成密封的状态,所以粉渣、灰尘、水渍、咖啡渍等会慢慢渗入到咖啡机内部,特别是接缝处的角落(见图 5-55)。所以咖啡机也需要定期拆开进行清洁保养,一般建议请专业咖啡机维护人员处理。

图 5-54 咖啡机内部的污渍　　　　图 5-55 咖啡机内部角落堆积的污渍

2. 冲煮头出水口清洗

咖啡机冲煮头制作完咖啡后会有咖啡粉渣和油渍粘在分水网上和轨道周围（见图 5-56）。一般每次制作完咖啡后都应用清水冲洗干净，但是如果清洁不及时或者使用时间较长，粉渣和油渍会凝结，用清水很难冲洗干净，这时需要用专用粉刷对其进行刷洗（见图 5-57）。刷洗后的粉刷上会附着大量的粉渣污渍（见图 5-58）。

图 5-56 冲煮头分水网上的咖啡粉渣和油渍　　　　图 5-57 用粉刷刷洗冲煮头

图 5-58 粉刷刷洗前后对比

如果粉刷刷不干净，可以将分水网取下（见图5-59），用咖啡机专用药粉浸泡，然后再冲洗干净（见图5-60）并安装。

图5-59　用工具取下分水网

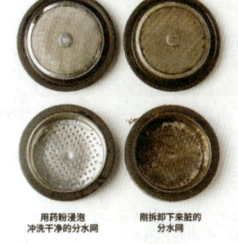

图5-60　分水网清洁前后对比

如果分水网洞孔变形或者冲煮头上的橡胶圈老化，则需要更换新的配件，这些都是咖啡机的易损配件。

3. 蒸汽棒清洁保养

蒸汽棒要求打完奶泡后立即清洁，否则容易导致蒸汽棒洞孔堵塞，奶渍凝结在蒸汽棒上。

蒸汽棒应定期用溶有清洗药片的水浸泡一段时间，用软湿布擦净后再开一次蒸汽开关，利用喷出蒸汽的冲力及高温，自动清洁喷气孔内残留的牛奶污垢，以维持喷气孔的畅通。

如果蒸汽棒上有残留牛奶的结晶，应将蒸汽棒用装8分满热水的不锈钢杯浸泡（见图5-61），以软化喷气孔内及蒸汽棒上的结晶。20 min后移开不锈钢杯，用软湿布擦净并重复上一段开蒸汽开关自净的操作。

图5-61　用热水软化蒸汽棒上的牛奶结晶

4. 锅炉维护保养

为延长锅炉的使用寿命，如果长时间不使用咖啡机，应将电源关闭并打开蒸汽开关，完全释放锅炉内压力，直至锅炉压力表指示为零，蒸汽不再喷出为止。另外，需要定期将锅炉水排出，更换新水，避免锅炉内水质硬度过大而结垢。正常工作的锅炉压力非常大，水压有 8～10 bar（1 bar=100 kPa），气压有 0.8～1.5 bar，这对锅炉密封性和抗压能力要求非常高，所以需要定期更换锅炉安全阀。非专业人员禁止私自拆卸咖啡机锅炉，应请专业维修人员处理。

5. 排水槽清洁保养

排水槽一般是在接水盘（废水盘/盛水盘）下面，清洁时需要取下接水盘（见图 5-62），然后用湿抹布将排水槽内的沉淀物清除干净，再用热水冲洗排水口（见图 5-63），使排水管保持畅通。排水不良时，可将一小匙清洁粉倒入排水槽后用热水冲洗，以溶解排水管内的咖啡粉渣和油污。清洁时还应检查是否有漏水的情况，如有，需要做相应的防漏处理。

图 5-62　取出咖啡机接水盘

图 5-63　用热水冲洗排水口

6. 手柄和粉碗清洁保养

每日至少要将手柄和粉碗用热水润洗一次，溶解出残留在手柄上的咖啡油脂及沉淀物，以免蒸煮过程中部分油脂和沉淀物流入咖啡中，影响咖啡品质。

每周至少要将手柄和粉碗用咖啡机专用清洁药粉浸泡冲洗一次，具体步骤如下。

（1）先在清洁消毒桶里盛放热水，再加入咖啡机专用清洁药粉（见图

5-64）。一般 500 mL 热水兑三小匙清洁药粉混合成清洁液。

（2）再将手柄和粉碗放入桶内浸泡（见图 5-65），浸泡时间至少 15 min。注意手柄塑胶部分不可浸泡至清洁液中，以免塑胶表面遭清洁液溶蚀。

图 5-64　在清洁消毒桶里加入咖啡机专用清洁药粉　　图 5-65　将手柄和粉碗放入桶内浸泡

（3）用清水冲洗所有配件，并用干净柔软的湿抹布擦拭干净。清洁前后的粉碗对比如图 5-66 所示，手柄对比如图 5-67 所示。

图 5-66　粉碗清洁前后对比　　图 5-67　手柄清洁前后对比

（4）将粉碗安装回手柄，并将手柄安装回咖啡机。

二、咖啡机专用清洁药粉的储存

咖啡机专用清洁药粉，具有一定的腐蚀性，每次使用完毕后，需及时拧紧瓶盖，避免打翻浪费或者受潮结块。需要存放在距离地面 10 cm 以上、干燥通风且小孩不能触碰到的地方。

执行

任务 / 使用咖啡机专用清洁药粉清洁冲煮头

Step1 更换盲碗

将任一手柄上的粉碗取下,更换成清洗消毒用无孔粉碗(俗称盲碗,见图5-68)。如果粉碗与手柄扣的比较紧,可以用盲碗撬开粉碗(见图5-69),取下粉碗(见图5-70),将盲碗安装进手柄。

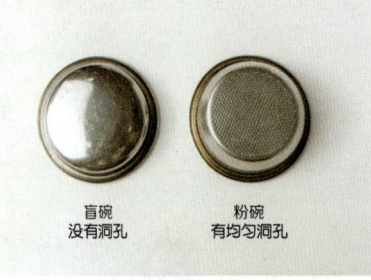

图 5-68　盲碗与粉碗外观对比

图 5-69　用盲碗撬开粉碗

图 5-70　从手柄上取下粉碗

Step2 添加咖啡机专用清洁药粉

将一小匙咖啡机专用清洁药粉(2～3g)置入盲碗中(见图5-71),将手柄嵌入冲煮头,并检查是否完全密合。接着按下萃取键,2～3s后,再按下萃取键停止(见图5-72),如此重复2～3次。

Step3 药粉浸泡

药粉浸泡 5 ~ 10 min 后取下手柄,可以看到盲碗内药粉溶化,并将咖啡污渍分解(见图 5-73)。

Step4 清水反冲洗冲煮头

再将手柄安装回冲煮头,按清洗键并左右摇晃手柄以反冲洗冲煮头垫圈及内侧直至盲碗内的水变成干净无色为止。清洁完成后取下手柄,按清洗键使冲泡系统内残留的清洁粉液流出,约 1 min 后按键停止(见图 5-74)。

Step5 更换手柄粉碗

将盲碗从手柄中取出,把洗干净的粉碗安装回手柄。

Step6 安装手柄

将手柄安装回咖啡机,冲煮头的清洁保养工作完成。

若需清洁多个冲煮头,重复上述步骤即可。通常用药粉清洁完成后需要试做一杯咖啡,去除清洁药粉的异味。

图 5-71 在盲碗内加入咖啡机专用清洁药粉

图 5-72 按下萃取键

图 5-73 盲碗内的咖啡污渍

图 5-74 冲洗冲煮头至水清澈干净

项目 4　其他咖啡设备的清洁保养

✳ 知识准备

一、开水机的清洁保养

开水机经过长期使用，内部加热器上会有污垢沉积，需要定期清洁处理。具体操作如下：

1. 切断电源，放掉水箱里的水。如果开水机带有排污螺母的话，把该螺母拧掉就可以放水了；如果没有排污螺母，就应把带有安全阀的水管拆掉后放水。有的开水机可以通过调节安全阀的角度来放水，但放水时间太慢，清洁效果不佳。

2. 当水快放完时，水箱里的水垢就会被带出来。等水放完，把水管装上后再往水箱里面加一点水，然后拆掉再放水，反复几次把水垢清理干净。

3. 将拆掉的水管重新安装好，打开水阀往水箱里加水，等水加满后就可以通电加热。

4. 应根据当地的水质情况定期进行水垢清洁。

5. 开水机长期使用后水龙头上也会结水垢（见图 5-75），可以用醋或者可乐浸泡擦除。

开水机清洁还有另一种办法：等水箱里的水放完后，把水箱拆卸下来，再把水箱边盖拆掉，把里面的加热管拆卸下来，彻底清洁水箱内部。但这个办法比较麻烦，效果与上述方法也差不多，

图 5-75　水龙头上结的水垢

而且要更换密封垫,一般没有必要这样清洁。

二、制冰机的清洁保养

在进行制冰机清洁保养工作之前,务必关掉制冰机的水源和电源(自动清洗除外),如图 5-76 所示。

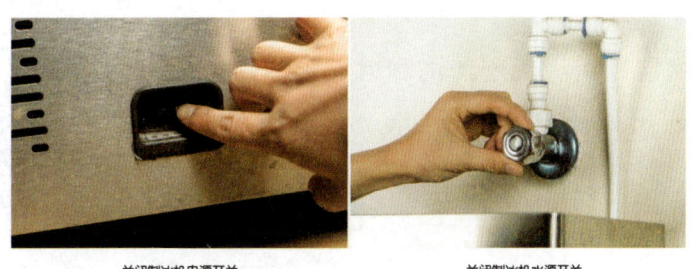

图 5-76　关闭制冰机电源和水源

1.发现制作的冰块形状不规则(见图 5-77)或冰块内部出现杂质,应及时清洗喷水器。清洗步骤如下:先将喷水器拆卸下来,用温水或加除锈剂清洗,再用清水冲洗,然后用软布清洁接水盒内部,最后再安装回去。

图 5-77　制冰机制作的冰块形状不规则

2.发现接水盒中有水垢或其他杂质时,应及时清洗机器内部水路(每月一次)。清洗步骤如下:取下前面板,找到控制器并按下"CLEAN"(清洗)钮,机器进入自动清洗模式清洗,再按"CLEAN"钮,机器重新转入制冰模式。

一般清洗以 30 min 为宜,如果效果不明显可适当延长,或用制冰机专用清洗剂清洗(见图 5-78),在清洗结束后用清水反复冲洗几次。

3. 每周一次用软性水稀释消毒液后，清洗储冰室。检查排水管道是否堵塞，如管道堵塞，在制冰机内会出现积水（见图5-79）。可以将制冰机内的冰块全部铲除，排查堵塞原因，进行疏通，再用热水冲洗管道，确认排水顺畅。

4. 用不锈钢专用清洗剂清洗制冰机内外机身，特别是角落里残留的污渍（见图5-80）。

图5-78　在制冰机内加入专用清洁剂

图5-79　制冰机内出现冰块融化积水

三、冷藏冰箱的清洁保养

冷藏冰箱的正确使用对确保制冷效果很重要。例如，冰箱内冷食不要放得过满，不要堵住出风口；冷食周围应留有空隙，以利于冷气循环流动（见图5-81）；冷藏冰箱应放在通风良好、无阳光直射的地方等。

图5-80　制冰机内外角落里残留的污渍

牛奶堵住了冷藏冰箱出风口　　牛奶与冷藏冰箱出风口保持间隙

牛奶摆放整齐，且周围留有空隙，有利于冷气循环流动

图5-81　冷藏冰箱内物品摆放要求

冷藏冰箱的清洁卫生要求如下。

1. 清洁前，须先切断冰箱电源。

2. 一般风冷冰箱不容易结冰霜；管冷冰箱会有冰霜，需要不定期除霜。

3. 冷藏冰箱内经常会有奶渍或其他食品原料漏到冰箱底部或溅到侧边，如果不及时清理会结块或霉变（见图5-82）。

图5-82　冰箱内可能出现的污渍

用软棉布沾少许无腐蚀性洗涤剂的温水溶液擦洗冰箱内外表面（见图5-83），清洁后用干布擦干。切不可用有机溶剂、热水、洗衣粉等对冰箱进行清洁。

图5-83　用软棉布擦拭冰箱内侧

4. 应不定期用软毛刷清除冷凝器及压缩机上的灰尘、杂物，以保持冰箱良好的制冷效果。具体步骤：打开压缩机柜门，观察外层防护网的状态（见图5-84），将防护网取出，用干布擦除灰尘，注意佩戴口罩防尘。清洁前后对比如图 5-85 所示。

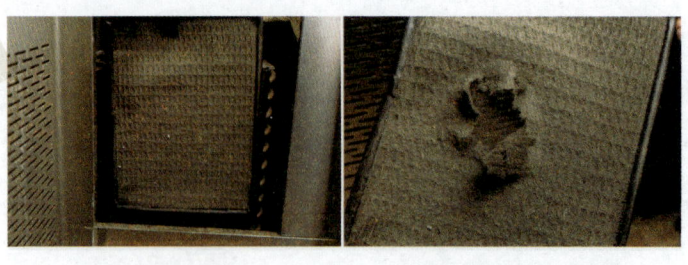

图 5-84　冷藏冰箱压缩机外层防护网

图 5-85　冷藏冰箱压缩机外层防护网清洁前后对比

5. 要经常用温水擦洗密封条，使密封条保持弹性，以延长其寿命。

6. 冰箱上切勿放置较热的物体。

四、净水设备的清洁保养

净水设备通常分为软水器、粗滤芯和精滤芯。软水器的作用是软化水，去除水质中的钙、镁离子，粗滤芯的作用主要是过滤泥沙和杂质，精滤芯的作用主要是去除氯气和微生物。净水设备的使用寿命与水质质量、用水量和使用时间有关，使用到一定时间或用水量时，需要进行软水器软化（还原）或者更换滤芯。

1. 软水器软化（还原）

每次软水器软化（还原）需要用盐 2 kg（以天然盐为佳，最好不含碘）。具体方法如下。

（1）将进、出水阀关闭，打开排水阀，将设备内的水放出。

（2）开启上盖，倒入 2 kg 盐，再拧紧上盖。

（3）慢速开启进水阀，直到排水阀流出的水有盐味为止，关闭进、排水阀，浸泡 20 min。

（4）打开进、排水阀，过滤一段水即可。

2. 更换粗滤芯和精滤芯

（1）关闭净水设备进水阀。

（2）用手或工具旋转拧下粗滤管，重新拧上一只新的粗滤芯（见图 5-86），取出粗滤芯。新的粗滤芯是白色的，使用过一段时间之后会变成黄色（见图 5-87），一直不换会变成暗褐色或黑褐色。

图 5-86　拧下粗滤管

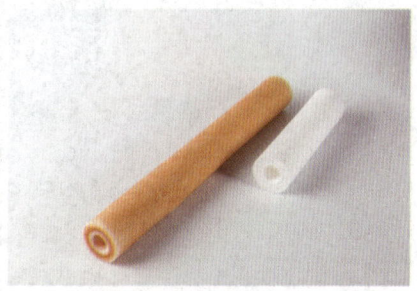
图 5-87　粗滤芯使用前后的颜色对比

（3）将精滤芯拧下，重新拧上一只新的精滤芯（见图 5-88），确认拧紧，避免漏水。切勿用力撞击精滤芯，否则精滤芯损坏后会出现黑水。

如果将精滤芯的头部一起拆下，重新安装时一定要注意进水口和出水口的区别（见图 5-89）。

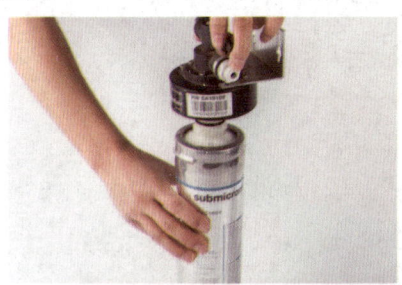
图 5-88　更换新的精滤芯

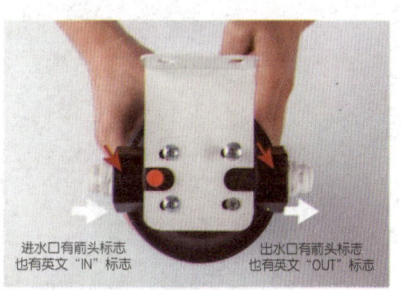
图 5-89　精滤头部进出水标志

CHAPTER

6

工作区域营运管理

一、布局管理

一般而言,咖啡馆的工作区域需要根据场地、供电、用水方案进行整体设计。

咖啡馆的柜台必须给人以干净整洁的印象。除了物品摆放整齐外,照明也非常重要,明亮的柜台会让顾客感觉较好。

工作台是柜台的重要组成部分,常见的工作台分为"U"形和"L"形。工作台可以订制,也可以购买现成的,但是需要考虑设备间的协调搭配问题,同时还应当考虑预留一些修改余地,以备进行设备调整和添加。

工作台的设备、器具布局摆放必须合理。在布局前,先要明确两点:一是咖啡馆提供哪些类别的咖啡及其他饮料,二是咖啡馆设定的顾客接待量是多少。咖啡的类别决定了需要在工作台配置哪些类型的咖啡机,其他饮料的设定则决定了工作台上要不要安排冰激凌机及其他饮料机的位置。因此产品的供应决定了工作区域的风格。

举例来说,一个较小型的工作台应具备以下设施设备。

1. 全不锈钢3D多功能台面。
2. 吸顶置物柜、立地储物柜(放原料、器具等)。
3. 营业用双孔咖啡机全套(含磨豆机、拉花杯、量杯、清洁剂等)。
4. 制冰机。
5. 松饼机。

6. 冰箱（或冰柜）。

7. 250 L 不锈钢水槽、供水加压设备、软水系统。

柜台除了以工作台为主体外，还应有存放杯具的地方，预留送餐台的位置，以便服务人员派送制作出来的饮品。有的咖啡馆在柜台前还会设置几个小型高脚椅，以便顾客在柜台上就把咖啡喝掉。有的咖啡馆单独设置收银台，有的则将收银台设置在工作区域的柜台上。如果柜台兼顾收银台功能的话，需要留出足够空间，以摆放收银机、发票机、POS 机、扫码枪等设备。

此外，根据推广产品的需要，还可能需要在工作区域面对顾客的一边配置明亮的玻璃餐柜，展示漂亮的小点心。如果出售酒类饮品，则需要在柜台后方设置酒品陈列架，或者为啤酒桶留一个位置。如果提供现制简餐，则需要设置后厨半封闭区域，确保油烟不会进入店堂里。

二、安全管理

1. 咖啡馆工作区域的安全隐患

咖啡馆工作区域的安全隐患主要包括卫生安全隐患、食品安全隐患、消防安全隐患和人身安全隐患。

（1）卫生安全隐患

1）环境卫生隐患。如：有蚊子苍蝇乱飞，墙面、工作台面堆积灰尘，墙角结蜘蛛网等。

2）用具卫生隐患。如：餐具、工具、设备清洁不干净，没有消毒或消毒不彻底等。

3）个人卫生隐患。如：作业人员患有传染性疾病仍继续直接接触食物，对着食物打喷嚏、不洗手等。

（2）食品安全隐患。食品安全隐患主要是使用了过期、变质、劣质等不符合食品安全要求的原料，如牛奶变质了继续与新牛奶混合使用等。

（3）消防安全隐患。咖啡馆消防安全隐患主要有以下几种。

1）电器设备使用不当，如水渍进入电器电源、随意拆装设备插座或电源线等。

2）违反安全用火规定，如在仓库抽烟。

3）消防设备设施不健全、过期，人为破坏或阻碍了消防设备设施的正常使用，如没有灭火器、喷淋设施故障、烟感被遮挡等。

（4）人身安全隐患。人身安全不只是生命安全，也涉及身体各部位损伤。咖啡馆工作区域的人身安全隐患主要有以下几种。

1）地面湿滑导致滑倒摔伤，天花板或墙面异常脱落导致砸伤，以及设备设施、刀具使用不当造成损伤，如咖啡机蒸汽棒、开水机龙头烫伤，刀具割伤，冰箱开门撞伤同事等。

2）纠纷导致的打架斗殴。

2. 咖啡馆工作区域安全预防措施

针对咖啡馆存在的安全隐患，应制定有效的安全管理制度，并在执行过程中不断进行完善。

（1）卫生安全预防措施

1）作业人员必须持有效健康证，定期参加食品安全卫生培训，培训合格后方能上岗。凡患影响食品卫生的疾病的人员，均不得从事食品制作和直接接触食品的工作。

2）保持个人清洁卫生及仪表仪容整洁。操作时应穿戴清洁的工作服、工作帽，头发不得外露，不得留长指甲、涂指甲油、佩戴饰物。操作前手部应洗净，操作时应保持清洁。接触直接入口食品时，手部还应进行消毒或佩戴食品级手套。接触直接入口食品的操作人员在有下列情形时应洗手：①处理食物前；②上厕所后；③处理生食材后；④处理弄污的设备或食具后；⑤咳嗽、打喷嚏或擤鼻子后；⑥处理动物或废物后；⑦触摸耳朵、鼻子、头发、口腔或身体其他部位后；⑧从事任何可能会污染双手的活动（如处理货项、执行清洁任务）后。

3）配备符合环境卫生要求的清洁、消毒、防虫害等设备设施、用具和物品。定期进行专业环境"消杀"措施；每天营业前和结束营业时，都应对工作区域进行清洁维护；营业过程中保持台面、地面干净整洁，垃圾要分类处理、干湿分离；货架、冰箱内的物料、成品按类堆放整齐。

4）使用过的设备、工具、杯具，应随手清洁干净，按要求进行保养维护、杀菌消毒，每次使用前需要再次确认其是否干净卫生。

（2）食品安全预防措施

1）采购符合食品安全要求的原料，检查原料的生产日期、保质期、存储条件，按要求存储原料，做到先进先出，进出有记录，尽快使用。

2）开封后的原料要有防护措施，如有瓶盖的淡奶油用完后应拧紧瓶盖；直接剪的利乐包装应注意将封口闭合，然后注明开封日期、有效使用时间、开封人等，做到原料使用可追溯。

3）生熟原料要分开，相关专用工具、容器不能混用。

4）每天检查工作区域内的食品原料质量，如有过期、变质等不符合食品安全要求的原料，应做相应报废处理。

（3）消防安全预防措施

1）定期进行消防检查，确保灭火器、喷淋、紧急照明灯等消防设备设施能正常有效使用；对作业人员进行消防安全培训，学习消防设备设施的使用，配合消防部门做好消防安全演习。

2）定期检查可能存在消防安全隐患的设备设施、电路、水路，如检查咖啡机的下水管道是否堵塞，咖啡机、开水机等大功率电器电线和插座是否有异常，是否因设备增添导致电路超负荷运作等。

3）不允许违规操作电器设备、乱接电线。

4）禁止在仓库内使用明火，严禁在工作区域内抽烟。

（4）人身安全预防措施

1）每天检查门店周围环境，对松动、存在脱落风险的部位及时进行修缮。地面应时刻保持干燥，雨天可以用防滑垫。

2）在使用高温设备、锋利刀具时应小心谨慎，必要时戴好防护手套。

3）人与人和谐相处，出现矛盾时先冷静沟通，或者请领导出面解决，避免发生打架斗殴事件。

三、卫生管理

1. 工作区域清洁卫生要求

（1）冰箱、冰柜、储物柜、开水机、咖啡机、松饼机、制冰机等设备的表面、底座、内部均保持清洁：外部无水渍、无油渍、无手印，内部无积水、无杂物、无腐烂变质水果。

（2）柜台、墙面、不锈钢设备、透明器皿应无水渍、无黑点、无锈迹，经擦拭后不锈钢面应有光泽，透明器皿应透明。

（3）冰箱每周除冰，陈列柜、开水机、制冰机、柜台台面底座、地板每周一次全面清洁。

（4）清洁物品（如抹布）应保持干净无味，摆放在指定位置。

（5）随时保持地面干净整洁，做到无杂物、无积水，规范摆放各类器具和用具。

2. 工作区域物品摆放要求

（1）完成出品后，原料、刀具、盘碗、小工具等不得乱放，用完应及时清洁干净并摆放到指定位置。

（2）蔬菜、调料、干果等及时放入篮筐，多余蔬果、原料分类摆放到指定位置。

3. 工作区域清洁流程

（1）开档清洁流程

1）打卡上班，穿戴工作服、工帽，佩戴工号牌，操作时佩戴手套。打开咖啡机、开水机、电视机、展示柜、菜单展示灯等设备。

2）查看晚班交接记录，检查物品缺失情况和设备器具的使用情况。

3）做好区域内的清洁卫生工作，做到台面、地面整洁，不锈钢面有光泽、无手印，器具无油渍，设备表面干净，物品摆放整齐，展示柜玻璃明亮。

（2）工作中清洁流程

1）时刻保持工作区域台面、地面清洁，做到无杂物、无水渍。

2）工作区域设备、器具用毕及时清洁并复位。

3）工作区域清洁工具保持干净、干燥，用毕及时复位。

（3）收档清洁流程

1）工作区域地面卫生清洁，无杂物、无积水，规范摆放各类设备器具和清洁工具。

2）工作设备擦拭干净，做到无水渍、无手印。

3）关闭除冷藏/冷冻设备外的其他设备，如咖啡机、抽风机、开水机等，以节省电源。

4）做好冰箱、储物柜、开水机、咖啡机等设备底部及后侧的清洁，做到无杂物、无水渍。

5）果蔬砧板清洗干净并竖立至指定位置。

6）垃圾桶清理干净，并更换新的垃圾袋。

7）未使用完毕的原料和开封原料，做保鲜封口处理，擦拭瓶身，做到瓶（罐、盒）干净无杂物、不粘手、无水渍，并摆放至指定位置。

8）用消毒液（少量）、洗洁精（少量）浸泡所有擦桌布。

9）检查工作区域整体情况，确保干净整洁、物品摆放整齐。

四、工作日志与营业日报表填写

1. 工作日志填写

工作日志的内容主要包括当日的工作总结、明日的工作安排，以及当日突发事件或特殊事件汇报反馈。工作日志示例见表6-1。

表6-1 ××咖啡馆工作日志

填报人		职务		日期	
序号	工作内容		责任人	完成时间	备注
1					
2					
3					
4					

工作中的突发事件、问题和需要的帮助

续表

明日工作计划				
序号	工作内容	责任人	完成时间	备注
1				
2				
3				
4				

工作日志一般由晚班主管或店长填写，用以总结当日工作及次日工作重点，有助于作业人员养成良好的工作习惯。

2. 营业日报表填写

营业日报表主要内容包括：营业额、现金收入、吧台销售收入、厨房销售收入和微信、支付宝等电子平台收入，以及外卖平台收入。填写时要求字迹清晰、数据准确。营业日报表示例见表6-2。

表6-2　××咖啡馆营业日报表

月份：　　月　　目标：　　万元

A	B	C	D	E	F	G	H	I	J	K	L	M
日期	营业额	现金收入	现金累计收入	吧台销售收入	厨房销售收入	银行卡结算	微信/支付宝收入	美团/大众点评收入	糯米团购收入	会员卡消费	会员卡充值	签名
合计												

填写说明：

A—当日日期，每日一行； B—本日营业额；

C—本日现金收入总额，需要在当日营运终了后与实有现金轧平；

D—自本月1日累加至今日的现金总额； E—归属吧台部门的销售收入；

F—归属厨房部门的销售收入； G—通过银行卡结算的销售额；

H—通过微信/支付宝结算的销售额；

I—通过美团/大众点评结算的销售额；

J—通过糯米团购结算的销售额；

K—通过会员卡消费结算的销售额；

L—本日会员卡充值金额； M—本日当班统计员签名。

核对计算公式：

B营业额=C现金收入+G银行卡结算+H微信/支付宝收入+I美团/大众点评收入+J糯米团购收入+K会员卡消费−L会员卡充值=E吧台销售收入+F厨房销售收入

> **特别提示**：营业额的统计在财务上会被视为主营业务收入，这是国家征收增值税的依据。但由于结算渠道有手续费支出，因此实际收到的货币资金总额不等于营业额，差额部分会被作为财务费用，与营运端无关。营运端统计以账面营业额为准，各项数据必须每日轧平，做到账实相符、账证相符、账表相符、账账相符。

营业日报表一般由收银员填写，并由当班主管确认。营业日报表有助于管理者通过数据分析及时调整营运策略。如今电子收银系统应用广泛，营业日报表均可由系统自动生成。电子收银系统具备更广泛的数据采集和计算能力，例如可以查询统计当日的菜品排名、累计数量、顾客消费时段数据等。

五、物料盘点

建议盘点周期为每周一次。对于初次制定盘点计划的咖啡馆来说，可以缩短为每周两次，这有助于前期熟悉商品信息。

1. 盘点要求

（1）仓库需根据物品重要程度及价值高低设定盘点频度，进行循环盘点。原则上要求所有库存物品每周必须盘点一次。盘点后及时将实物数与系统数核对。如有差异应查证原因并及时跟进处理。如属盘盈或不可避免的亏损情形，应呈报财务人员核准后做账务调整。相关损失报总经理审批后处理。

（2）盘点数据分析

1）日常高损补货类。分析前几次盘点周期的用量，合理补货，不要盲目，避免造成物料的剩余失效。

2）低损补货类。具有较长的有效期，不易因时间造成浪费。

3）急需消耗类。临近有效期或者因菜单调整未来不会再继续进货的物料。需要店内制定一些活动来尽快消耗。

合理的盘点计划和分析能避免浪费。通过盘点知晓咖啡馆的销售情况，再进行菜单调整就会更加科学有效。

2. 相关表单示例

（1）领料单（见表6-3）

表6-3　××咖啡馆领料单

年　月　日　　　编号：

品名	单位	数量	用途	备注

领取人：　　　　　　　　　　　　发给人：

领取部门：

（2）存货记录卡（见表6-4）

表6-4　××咖啡馆存货记录卡

品名：　　　　　　　　　　　　　　　编号：

供应商：

尺寸：　　　　　　　　　　　包装：

计量单位：　　　　　　　　　单价：

存放位置：

日期	进货	出货	余数	备注

(3)盘点表(见表6-5)

表6-5 ××咖啡馆库存实物盘点表

年　月　日　　　编号：

品名	单位	账面数	实点数	账实差异	单价	金额	原因分析	备注

盘点人：　　　　　　　　　　　　　　　　复核人：
库存管理部门：

注：账实差异项，盘盈为正数，盘亏为负数。

(4)损耗赔偿表（见表6-6）

表6-6 ××咖啡馆库存实物损耗赔偿表

年　月　日　　　编号：

品名	单位	耗损数量	单价	金额	损耗原因	赔偿责任人	赔偿金额	备注

填报人：　　　　　　　　　　　　　　　　库存管理部门：
审批人：　　　　　　　　　　　　　　　　财务记账：

注：损耗赔偿分为自然损耗、责任人赔偿、保险公司赔偿等。

六、物品采购

物品采购分为原料采购、设备餐具组采购、装修设计采购等。

咖啡馆需要的设施设备、原料品类，以及购置的数量、档次、频次都要根据咖啡馆设定的产品来决定。设备、原料采购回来后，如何布置、存储、领用都要根据咖啡馆设定的服务方式来确定，并应当由专人负责实施。

1. 原料采购

确定原料每次采购数量应当使用存货经济订货批量模型。使用该模型是中级经济师和中级会计师必会的专业技能。首先大致确定该项物料全年总需求量、每次订货发生的变动成本、存货储存成本、每日耗用量及每日最大送货量，以此确定订货提前期、送货运输期和保险储备量。当仓储存货记录卡记载的账面数低于保险储备量时，就触发采购需求，由仓储部门向采购负责人提交采购申请表。

> 特别提示：订货提前期、送货运输期和保险储备量均对存货经济订货批量没有影响。影响存货经济订货批量的因素只有存货全年总需求量、每次订货变动成本、存货储存成本、每日耗用量和每日最大送货量。经济批量的实施，有助于提升咖啡馆盈利能力。

2. 设备餐具组、装修设计采购

咖啡馆的设备包括各种咖啡机、烘焙设备、研磨设备、发泡设备等，餐具包括各种杯具、餐盘，装修设计大件则包括音响设备、悬挂式电视机等。设备和装修设计大件多数属于固定资产。

固定资产的获得有购买和租赁两种方式。

购买的优点是拥有该项资产,可每年按一定比率折旧,抵减以后年度利润;可以享受较为完善及时的维修服务;可选择余地较大。缺点是一次性支出较大;设备使用一定年限后就会报废,必须重新更换新设备;购买者必须自行妥善保养。

租赁的优点是一次性支出较少;租用设备的费用可以作为营业费用列支,减少所得税负担;可以经常更换新的设备;出租人会提供保养服务。缺点是租赁期满之后,租赁者得不到该设备,型号规格不一定齐全,选择面受限,另外多年租赁的资金支出一般多于自行购买。

无论是租赁还是购买相关设备和装修设计大件,都会有现金支出,只是支出的数额和方式有所不同,应当根据自身的资金状况和对未来的预期来决策。

3. 相关表单示例

(1)原料采购规格书(见表6-7)

表6-7 ××咖啡馆原料采购规格书

批准执行日期:		年 月 日		编号:
原料名称	原料用途	感官描述	技术指标	检验程序	彩色照片
备注					

（2）原料采购定量卡（见表6-8）

表6-8　××咖啡馆原料采购定量卡

申请采购日期：　　年　月　日　　　编号：

原料名称	最高储备量	保险储备量	现存量	需购量	批准人

备注

填报人：　　　　　　　　　　　　　　库存管理部门：

（3）原料采购申购单（见表6-9）

表6-9　××咖啡馆原料采购申购单

申请采购日期：　　年　月　日　　　编号：

品名	规格	数量	单价	总价

备注

填报人：　　　　　　　　　　　　　　库存管理部门：
审批人：　　　　　　　　　　　　　　财务记账：

七、财务计算

如果要从财务角度对咖啡馆进行营业利润核算,一般需要具备初级经济师或初级会计师的专业知识。这对于主要从事咖啡制作的人员来说要求过高。但是咖啡馆的经营管理者仍需要具备一定的财务方面的常识,以有助于理解收益与成本控制,并进行简单的量本利分析。

1. 成本构成

在咖啡馆经营过程中,成本高低直接关系着咖啡馆的盈利水平,同时也是产品定价的基础。成本主要分人工成本、原材料成本和营业费用。

人工成本是在咖啡馆生产经营活动中耗费人的各项劳动的费用总和,包括工资、奖金、培训费、员工餐费、工作服购置费、员工福利等。

原材料成本指在咖啡馆生产经营活动中食品和饮料产品的物料成本。这部分成本一般是可变动成本。

营业费用指咖啡馆在生产经营过程中产生的费用,包括保险费、税金、广告促销费、房屋租金、固定资产折旧、水电费、报纸杂志费、运费、办公用低值易耗品、物业管理费和其他杂费。减少营业费用的不必要支出,能够使咖啡馆获得更大的盈利。

2. 营业收入

营业收入的数据可通过营业日报表和收银系统得到。由于结算渠道存在手续费,因此实际收到的货币资金(含现金及银行账户)总额不等于营业额,差额部分会被作为财务费用列支。财务费用不属于营业费用,但是在计算营业利润时,要扣减各项经营成本和费用。

【例6-1】星光咖啡馆位于上海市区，是小规模纳税人（年销售收入小于500万）。5月份售出：意式浓缩咖啡1 000份，含税单价20元；卡布奇诺咖啡2 000份，含税单价30元；丝绒蛋糕1 000份，含税单价18元。问其销售收入是多少？应缴增值税、税金及附加（城建税、教育费附加、地方教育费附加）是多少？（小规模纳税人增值税税率按3%计算。）

解：销售收入=（20×1 000+30×2 000+18×1 000）÷（1+3%）=95 145.63（元）

增值税 = 销售收入 ×3%=2 854.37（元）

税金及附加 = 城建税 + 教育附加费 + 地方教育费附加

= 增值税 ×（7%+3%+2%）=342.52（元）

3. 定价

产品定价有两种截然不同的方式。

（1）成本导向定价法。根据现有运营成本汇总，预计能够实现的产品销售量，从而计算出产品的单位成本。在成本基础上加上希望获得利润率，来推导出产品单价。其计算公式为：单位产品价格 = 单位产品总成本 ×（1+ 目标利润率）。

【例6-2】星光咖啡馆募集了500万元起始资金，用于开设店铺经营，只经营一种产品——特调星光咖啡小食套餐。经过咨询行业专家，预计运营后每年各项成本支出800万元。预计产品年销售量10万套。股东希望得到20%的年投资回报。不考虑税费，该产品应该定价为多少元/套？

解：单位产品价格=单位产品总成本×（1+ 目标利润率）=800÷10×（1+20%）

=96（元/套）

（2）需求导向定价法。按照顾客对商品的认知和需求程度制定价格，而不是根据卖方的成本定价。这类定价方法的出发点是顾客需求，认为咖啡馆生产产品就是为了满足顾客的需要，所以产品的价格应以顾客对商品价值的理解为依据来制定。

如果成本导向定价的逻辑关系是成本+税费+利润=价格，也就是说根据成本来计算出价格，那么需求导向定价的逻辑关系就是价格-税费-利润=成本，也就是说，根据市场竞争关系和产品定位，先行定价，并按照希望得到的收益反推出必须要控制的成本。如果实际成本大于理论控制成本，则必然无法达到收益目标，甚至会亏损。

【例6-3】星光咖啡馆募集了500万元起始资金，用于开设店铺经营，只经营一种产品——特调星光咖啡小食套餐。股东希望得到20%的年投资回报。经过咨询行业专家，特调星光咖啡小食套餐对外售价不能超过80元/套，预计运营后产品年销售量10万套。如果不考虑税费，星光咖啡馆需要控制的年成本支出是多少？

解：年成本支出=80×10-500×20%=700（万元）

4. 收益计算

收益计算从原理上来说比较简单，就是收入减去支出即可，但在实务中，数据采集是一个难点。

下面列举一个简明月度营业损益表示例和一个较为详细的月度营业损益表模板，供参考使用。

（1）背景。星光咖啡馆2019年1月通过出售特调星光咖啡小食套餐，获得不含税收入20万元；出售厨余等获得不含税收入1万元。按照3%税率缴纳增值税，按照12%的综合税费率缴纳税金及附加。由于使用微信/支付宝/POS收款而被扣减手续费1 260元，银行账户维护费300元。当月耗用各种食材2万元，食品容器等支出2千元。此外，人工成本3万元，水、电、燃气费2千元，办公宣传费支出1万元，店面房租10万元，设备折旧每月提5千元。

（2）简明月度营业损益表示例（见表6-10）

表 6-10 简明月度营业损益表示例

星光咖啡馆月度营业损益表
（2019年1月）

项 目		本月发生额（元）	取数说明
收入（不含税）	1. 营业收入	200 000.00	一般从收银系统中取数
	2. 其他收入	10 000.00	非主营所得，比如出售边角料、厨余等
收入合计		210 000.00	
税费	1. 税金及附加	756.00	用收入乘以增值税率，再乘以综合税费率
	2. 财务费用	1 560.00	结算渠道收取的手续费支出 + 银行账户维护费
税费支出小计		2 316.00	
一、净收入		207 684.00	收入减去税费
营业成本	1. 食材成本	20 000.00	咖啡豆、面粉、调味料等
	2. 营运物料	2 000.00	餐具、外卖打包盒等
营业成本合计		22 000.00	
二、营业毛利		185 684.00	净收入减去营业成本
营业费用	1. 人工费支出	30 000.00	人员工资、奖金、社保、福利等
	2. 能源费用	2 000.00	水、电、燃气费等
	3. 办公宣传费用	10 000.00	打印纸、写字笔、宣传单、广告费、设备修理费
营业费用	4. 租金物业支出	100 000.00	房租、经营设备租赁费、物业费等
	5. 设备折旧摊销	5 000.00	自有设备每月折旧，装修的每月摊销额
营业费用合计		147 000.00	
三、营业利润		38 684.00	营业毛利减去营业费用

> 特别提示：简明营业损益表最终计算所得的营业利润和实务中财务核算的利润可能会有差异。

（3）较为详细的月度营业损益表模板。如果希望营业利润计算得更细致，可以使用下面的模板（见表6-11）。

表6-11　较为详细的月度营业损益表模板

××咖啡馆月度营业损益表
（　　年　月）

项　目		行次	本月发生额（元）	本年累计	填表说明
收入	1. 营业收入	1		—	按照月销售统计表核算填报
	减：折扣及免单	2		—	折扣及免单部分金额
	代金券	3		—	指会员卡充值的赠送部分 1∶1替换现金等价物不计入
	其他优惠	4		—	按其他优惠实际数填写
	经营实收小计	5		—	1-2-3-4
	2. 其他收入	6		—	非主营业务收入的所得
	收入合计	7		—	5+6
税费	1. 税金及附加	8		—	不包括增值税
	2. 财务费用	9		—	结算渠道收取的手续费支出＋银行账户维护费
	税费支出小计	10		—	8+9
	一、净收入	11		—	7-10
食材成本	1. 专用配送主料	12		—	实际耗用的由品牌商集中配送的主要原料
	2. 专用配送辅料	13		—	实际耗用的由品牌商集中配送的辅助材料
	3. 自购主料	14		—	实际耗用的自购的主料

续表

食材成本	4. 自购辅料	15		–	实际耗用的自购的辅料
	5. 酒水饮料	16		–	
	6. 合理耗损的主料	17		–	盘盈用负数表示
	7. 合理耗损的辅料	18		–	盘盈用负数表示
	8. 其他杂项	19		–	
	小计	20		–	sum（12,19）
物料成本	1. 营运物料	21		–	采购餐具等
	2. 物流及存储支出	22		–	运输费用、仓储费用等
	小计	23		–	21+22
	成本支出合计	24		–	20+23
二、营业毛利		**25**		**–**	**11−24**
人工费支出	1. 职工薪酬	26		–	
	2. 社保支出	27		–	
	3. 职工福利	28		–	
	4. 职工培训	29		–	
	5. 员工餐费	30		–	
	6. 宿舍租金及水电费	31		–	
	7. 其他人工费支出	32		–	
	小计	33		–	sum（26,32）
能源费用	1. 电费支出	34		–	
	2. 水费支出	35		–	
	3. 燃气费支出	36		–	

续表

能源费用	小计	37	—	sum（34,36）
办公费用	1. 购办公用品支出	38	—	
	2. 设备设施维修费	39	—	
	3. 网络及通信费	40	—	
	4. 宣传及促销支出	41	—	
	5. 其他办公费支出	42	—	
	小计	43	—	sum（38,42）
固定支出	1. 门店房租及物业费	44	—	
	2. 其他经营租金	45	—	
	3. 其他支出	46	—	
	小计	47	—	sum（44,46）
折旧及摊销费	1. 装修费摊销	48	—	
	2. 设备折旧费用	49	—	
	3. 低值易耗摊销	50	—	
	4、其他折旧及摊销	51	—	
	小计	52	—	sum（48,51）
上交公司管理费		53	—	上交品牌商管理费，一般会取得发票，可以计入财务成本中
其他非正常支出		54	—	
营业费用合计		55	—	33+37+43+47+52+53+54
三、营业利润		56	—	25-55